U0234159

芦笛曲丛书
Pied Piper

《芦笛曲丛书》项目组

组　长　李　普

副组长　范春萍

成　员　（按姓氏汉语拼音排序，将不断有新成员加入）

陈润生*	董光璧	樊潞平	高　山	郭光灿*
郭艳玲	胡俊平	黄永明	霍裕平*	姬十三
解思深*	匡廷云*	李喜先	李永葳	刘　茜
刘育新	刘　夙	罗　勇	欧阳钟灿*	欧阳自远*
邱成利	史　军	唐孝威*	唐云江	武夷山
杨志坚	叶　青	尹传红	张家铝*	钟　掘*

主　持　范春萍　　唐云江

注：标“*”者为中国科学院或中国工程院院士

爱因斯坦的幽灵

量子纠缠之迷

（第2版）

郭光灿
高　山　著

EINSTEIN'S GHOST

PUZZLE OF QUANTUM ENTANGLEMENT

北京理工大学出版社
BEIJING INSTITUTE OF TECHNOLOGY PRESS

图书在版编目（CIP）数据

爱因斯坦的幽灵：量子纠缠之谜 / 郭光灿，高山著．—2 版．—北京：北京理工大学出版社，2018.1
（芦笛曲丛书）
ISBN 978-7-5682-4997-3

Ⅰ．①爱…　Ⅱ．①郭…　②高…　Ⅲ．①量子论　Ⅳ．① O413

中国版本图书馆 CIP 数据核字（2017）第 287112 号

出版发行 / 北京理工大学出版社有限责任公司
社　　址 / 北京市海淀区中关村南大街 5 号
邮　　编 / 100081
电　　话 / （010）68914775（总编室）
（010）82562903（教材售后服务热线）
（010）68948351（其他图书服务热线）
网　　址 / http://www.bitpress.com.cn
经　　销 / 全国各地新华书店
印　　刷 / 北京地大彩印有限公司
开　　本 / 787 毫米 ×1092 毫米　1/16
印　　张 / 12
字　　数 / 175 千字
版　　次 / 2018 年 1 月第 2 版　2018 年 1 月第 1 次印刷
定　　价 / 48.00 元

责任编辑 / 张慧峰
文稿编辑 / 张慧峰
责任校对 / 周瑞红
责任印制 / 王美丽

历久弥新，日新又新，惊赞敬畏

（代再版序言）

范春萍

“希尔伯特这个吹笛人所吹出的甜美芦笛声，吸引着无数老鼠跟着他投入了数学的深河。”希尔伯特（David Hilbert）的学生加传记作者外尔（Hermann Weyl）这轻轻一语，讲出了人类文明及科学进程中无比传神的故事，美妙诱人。“笛声”和“深河”的魅力百年萦绕，历久弥新。

我被这个带着情境和既视感的摄魂故事捕获，成为希尔伯特的一只另类老鼠，去鼓动科学家们吹笛子，或引进科学的迷人摄魂曲，然后助力传播。

这是我做科普图书出版的心路历程和内在动力，经我手出版的许多原创或引进版科普书，都若隐若现着“希尔伯特”们的悠扬笛声。

《芦笛曲丛书》是我于2006年在“科技部科技计划科普化示范项目”支持下开始策划组织、2007年正式启动的前沿科技科普丛书出版项目。当时策划了10本，我做策划编辑兼责任编辑，邀《科学世界》主编唐云江做丛书主持。

2008年底，我因工作调动离开出版社，项目进度受到影响。除2009年出版的《基因的故事：解读生命的密码》和《爱因斯坦的幽灵：量子纠缠之谜》、2010年的《再造一个地球：人类移民火星之路》之外，其余7本由于未达到我对芦笛摄魂度的预期而未能按期出版。之后，有的书稿返修，有的换选项、换作者，又由于作者们、主持人以及我自己新工作的忙碌而拖延下来。

毫不夸张地说，第一批出版的3本书无论从创意、内容还是行文质量都完全可以与国际上最好的科普书媲美。但是，出版之初3本书的命运却并不相同。大概与大众传媒世纪之交对“21世纪是基因科技的世纪”的渲染，以及我国新世纪航天工程的巨大成就有关，《基因的故事》《再造一个地球》两书一出版即获得广泛赞誉和各种奖项，进入各种发行推广目录、反复重印，而在专业圈子得到甚高评价的《爱因斯坦的幽灵：量子纠缠之谜》，却因公众离量子力学过远、基本没听说过“量子纠缠”而受到冷遇。

2007—2017年，是科学蓄力、技术爆发、科技指标翻天覆地般指数蹿升的 10 年。10 年间，与《基因的故事》相关的基因技术狂飙突进，基因治疗、基因编辑、基因工程等都取得巨大进展也遭遇巨大争议、引发更大关注。与《再造一个地球》相关的航天工程奇迹连连：欧洲航天局（ESA）的“罗塞塔号”（Rosetta）飞船 2004 年起经 10 年飞行，于 2014 年把“菲莱”（Philae）探测器送达“丘留莫夫－格拉西缅科”（Churyumov-Gerasimenko）彗星表面；美国航天局（NASA）的“新视野号”（New Horizons）2006 年起飞经 9 年多飞行于 2015 年飞掠冥王星后飞向柯依伯带，2011 年起飞的“朱诺号”（Juno）经近 5 年飞行于 2016 年进入木星轨道，1997 年起飞的“旅行者 1 号”（Voyager 1）经 40 余年漫漫长旅飞离太阳系磁场边界，1997 年起飞的“卡西尼号”（Cassini）经 6 年多飞行于 2004 年抵达土星轨道、进行了 13 年多的探测工作后于北京时间 2017 年 9 月 15 日燃料将尽时、在科学家控制下坠入土星大气焚毁而演绎“壮丽终章”（Grande Finale）；多国争相探测月球，争相探测火星。更加可喜也令人震惊的是量子技术的突破，量子通信卫星、量子计算机等的成功，把“量子纠缠”这个连科学家都解释不清的“幽灵现象”推到了公众面前。

2017 年，得到“北京市科普社会征集项目”的支持，《芦笛曲丛书》得以修订再版。这套书做的是前沿科普，首版时反映的就是直至出版之前的前沿发展状况。10 年中各个领域都发生了很大变化，修订给了丛书继续跟上前沿的机会。这真是可喜可贺的大好事。

科学大神卡尔·萨根有言：“宇宙现在是这样，过去是这样，将来也永远是这样。只要一想起宇宙，我们就难以平静——我们心情激动，感叹不已，如同回忆起许久以前的一次悬崖失足那样令人晕眩战栗。”其实，自然和科学的各个领域无不如此。

大哲学家康德说过：“有两样东西，越是经常而持久地对它们进行反复思考，它们就越是使心灵充满常新而日益增长的惊赞和敬畏：头上的星空和心中的道德律。”只要留心阅读好书，美妙的自然、神奇的科学、精致的心灵，无不引发我们“日益增长的惊赞和敬畏”。

《基因的故事》《再造一个地球》《爱因斯坦的幽灵》3 本书的再版开了个好头，以此为契机，我们将再度启动《芦笛曲丛书》，继续推出更多好书以飨读者。新启动的《芦笛曲丛书》由我和唐云江共同主持，张慧峰担任策划编辑。

2018 年 1 月

总　　序

今天，我们按动手机号码，可以和世界上任何地方的人通话；我们敲击电脑键盘，可以足不出户而知天下；我们开车行驶在大漠荒山，可以用GPS导航……科学已经无处不在，它改变着我们的生活，也改变着我们的思想和行为。

作为人类认识自然、与自然对话的一种方式，科学令人好奇和神往……

当早期的人类直面这个丰富多彩的世界的时候，世界混沌一片、浑然一体，一代一代的先辈，用观察、计数、分类、测量、计算、思辨、实验、解析、模拟……数不清的办法探索世界的奥秘，这也就是在各个时代有不同内容和不同表现形式的科学。

起源于生产实践，以技能技巧、经验积累为原初形态的技术，在当代社会与科学融为一体。

如今，科学技术作为人类社会实践的重要领域之一，成为复杂的巨系统工程，成为衡量一国综合国力的重要指标，成为推动社会进步的一种无与伦比的力量。科学需要全社会的理解、关注和参与，需要以公众科学素质的提高作为保障。

然而，科学也常使我们茫然和困惑：它带来的不都是福音，也有灾难和恐惧；同时，前沿科技发展越来越快，精深而艰涩，越来越远离我们的直觉和经验。加之科学的领域越来越宽，分类越来越细，甚至相同学科不同方向的科学家之间都很难明了对方的工作了。

巨大的鸿沟横亘于科学和人文之间，横亘于科学界与公众之间。

本丛书是国家科技部“科技计划科普化示范项目”，并入评“‘十一五’国家重点图书出版规划项目”。丛书旨在向公众普及前沿科学技术知识，使每年巨额投入的各类科技计划成果在提高国家科技水平和科技能力的同时，也能以科普的形式，让自主创新的成果进一步惠及广大公众，对提高公众的科学素质、促进公众理解科学、吸引公众关注以至投身科技事业有益。另外，通过示范项目，引导形成科学家关心公众科学素质、承担社会科普责任、热心参与科普事业的氛围，在科学家、工程师中发现和培养科普作家，探索科学家、科普作家、出版机构三结合的科普创作新模式。

然而，科技的前沿在哪里？一日千里、艰深难懂的前沿科技何以科普？

前沿，像是科技疆域的地平线，你站得越高，地平线越绵长，线外的未知领域也越广阔。科技的脚步在前行，科技的疆域在拓展，前沿的领域在扩张……

如何从科学的腹地出发，沿着崎岖的小路，理清前沿的发展线索，抓住最重要的前沿领域，成为对丛书成败的第一个考验。

前沿科普与成熟知识科普的最大不同在于前沿是发展的，是每日每时都可能有变化的。前沿科普的作者一定要是一线科研工作者或能够理解一线工作和科研进展的人。于是动员一线科学家参与丛书的写作成为对丛书成败的第二个考验。

这是一项行动，一项一线科学家参与科普，参与前沿科普的开风气之先的示范性行动。

我们是幸运的，读者是幸运的。首批丛书有10位院士承诺参与，并积极投入到丛书特别是各自承担的分册的策划和著述中。

考虑到身处科研一线的院士们工作繁忙，我们为每一位院士挑选了一位科普助手，由两个人共同完成一本书的写作。两位作者思路、见解的融合，工作方式以及叙事、论理风格的互相接纳是对丛书成败的又一个考验。

更加幸运的是，试验取得了初步成功。丛书的前三本已经出版了，接下来还将有新书陆续出版。

这套丛书设定为一套开放的书系，将不断有新书加入。在此，诚邀广大一线科研工作者加盟著述（可以是一线科研人员个人独立著述，也可以是一位一线科研人员与一位科普作者合作著述），使丛书所覆盖的前沿领域越来越宽广，为读者提供更多的精神食粮。

正如数学家外尔所言：“希尔伯特这个吹笛人所吹出的甜美的芦笛声，吸引着无数老鼠跟着他投入了数学的深河。”我们也希望这套丛书能像一支支芦笛曲，催生出读者对科学的向往和追随……

目录

Entanglement

引 言

从伯特曼先生的袜子说起

物理学家贝尔有一位有趣的同事叫伯特曼，他有一个很奇怪的习惯。伯特曼喜欢穿两种不同颜色的袜子，并且每只脚上穿的袜子的颜色都是随意的。但是，两只袜子的颜色之间总存在一种关联。当看到他一只脚上穿的是粉红色的袜子时，便可以确定他另一只脚上的袜子不是粉红色，而不必去实际看一下。对于一只袜子的观察，可以立即得出关于另一只袜子的信息。然而，两只袜子之间是相互独立的，它们颜色的关联源于过去的一个共同原因，那就是伯特曼先生的决定。这种关联在宏观世界中司空见惯，没什么奇怪的。它是我们最熟悉的，也是完全可以理解的。

那么，宇宙万物之间的关联是否都是由过去的某个原因预先决定的呢？当两个粒子相互作用后分开很远时，它们之间还会存在关联和影响吗？别忘了，宇宙比我们所能想象的还要奇怪。

20 世纪 60 年代，贝尔发现，微观粒子之间存在着更为神秘的超光速关联。当测量一个粒子时，另一个与之关联的粒子会瞬时改变状态，无论它们相距多么遥远。尽管大多数人都不愿看到世界平淡无奇（他们希望每天都有新鲜事发生），但这听起来还是有些天方夜谭。和我们一样，贝尔开始也不相信存在瞬时的超距作用。他设想微观粒子只是更小的小球，它们具有确定的性质，正如袜子具有确定的颜色一样，不论观察与否。而当两个小球相互作用后分开很远时，它们之间也不存在瞬时的关联和影响。当测量一个粒子的状态时，这种测量影响只能以有限的小于等于光速的速度向外传播，并经过一定延时后才能到达另一个粒子。然而，让贝尔惊奇的是，由这些最自然不过的假设所导出的结论（一个简单的不等式）却与量子理论的预言相矛盾！推导中用到的逻辑和数学都是严格的，不会有问题；而量子理论是迄今为止人类关于自然的最基本的理论，它已经为大量实验所验证，也不应当怀疑。的确，物理学家们很快证实，贝尔不等式直接与实验结果相矛盾。因此，微观粒子之间确实存在某种超越时空的神秘纠缠，这种纠缠是伯特曼的袜子所不具有的。

贝尔的发现被认为是20世纪科学最深远的发现之一。它究竟意味着什么呢？它对我们关于世界的常识图像会产生剧烈的冲击吗？它对实在的本性又会有怎样深刻的蕴涵呢？本书将引领读者一起去探索这奇妙的量子纠缠世界。在那里，不确定性和超距作用将成为主角。

本书的第一章首先介绍量子纠缠问题的起源和它的神秘性所在。从爱因斯坦等人的EPR论证到薛定谔首次将纠缠引入物理学，从玻姆的EPR自旋版本到贝尔的不等式发现，用浅显的实例分析和形象化的图形说明引出微观粒子之间所存在的神秘纠缠。之后，概括性地列出了量子纠缠现象的诸多神秘性质，为全书后面的讨论奠定基础。

从第二章开始，详细介绍人们试图揭开量子纠缠之谜的各种努力。

第二章首先试图用人们最熟悉的经典图像来解释量子纠缠现象，这是爱因斯坦所选择的道路。本书讨论了已有论证所可能存在的逻辑和实验漏洞，并着重介绍了爱因斯坦的追随者玻姆所提出的隐变量理论。这些分析显示，牛顿和爱因斯坦所珍爱的经典世界已成为一个失落的世界，它不是真实的。

第三章介绍人们离开经典世界后理解量子现象的第一次努力，即玻尔的互补性思想。尽管这一思想曾经作为量子理论的正统观点，它实际上却是一团迷雾。这种观点本身的实证性决定了它的末路；它拒绝对现象背后的实在进行更深层次的探究，从而也无法帮助我们理解量子纠缠的本质。

冲破互补性迷雾之后，第四章带领读者踏上真实的量子坍缩之路。以通俗易懂的语言介绍了量子理论对量子纠缠现象的描述和解释，不确定性在这里被清晰地展现出来。同时，通过薛定谔猫佯谬引出量子理论本身所存在的测量问题。为了解决这个难题，一些物理学家选择“捷径”进入多世界丛林，而清醒的人们则沿着完善量子理论的坍缩之路前行。尽管这条道路艰险而漫长，但是它通向真实的世界，只有在那里量子纠缠之谜才能被最终揭开。

第五章详细探讨了量子纠缠和量子坍缩所表现出的不可思议的超距作用，那是一首令人激动的超光速狂想曲。一方是相对论对超距作用的最严厉的禁令，另一方则是狂放不羁的量子坍缩的同时性。这引出了量子理论与相对论不相容的世纪难题。尽管目前的量子理论禁止超距作用表现出来，但它的存在本身已违背了相对论的精神。这一不相容性问题甚至被称为 20 世纪末物理学晴空中的一朵乌云。它预示了我们的时空观念将经历一次比相对论和量子理论更为深远的革命。为此，一些物理学家试图检验相对论的基础，并利用量子坍缩的规律去探寻自然的绝对性。一个更伟大的梦想是利用量子超距作用来实现真正的超距通信，这需要同时超越相对论和量子理论，其冒险性可见一斑。无论如何，思想的盛宴最终都要接受实验的真实性检验。

至此，量子纠缠世界的两大主角——不确定性和超距作用都已登场，但这一切究竟意味着什么呢？最终我们需要的是理解。尽管量子理论在实验证实和技术应用上获得了前所未有的成功，但是它一直以来都以不可思议和难以理解著称。可以说，它是人类所发现的科学理论中最成功的，同时也是最不可理解的理论。不用说普通读者，就是物理学家也大多止步于理解，而更关注于计算。

为此，第六章介绍了量子理论的一种新的理解，并给出了量子纠缠之谜的一个可能答案，那就是：这一切都是因为上帝掷骰子；不确定性和超距作用可能源于运动本身所固有的随机性和非连续性。这是一次思想的历险，其目的是要重新找回量子的本性——非连续性。从久远的芝诺悖论到牛顿的惯性，我们在经典世界的底层出人意料地搜寻到非连续性存在的蛛丝马迹。真实的运动很可能不是连续的，而是根本上随机的、非连续的。这是一幅清晰的量子图像，它是不确定性、量子纠缠和超距作用这一切的始源，也是理解它们的基础。

为了避免实用主义者的责难，本书最后一章重点介绍了量子纠缠的奇妙应用。先通过两个有趣的例子让读者初步领略到量子纠缠的神奇能力；它可以完成逻辑上不可能完成的任务，也可以赢得最聪明的数学家都无法获赢的游戏。之后，从量子密码术到完全保密的量子通信，从量子计算机到未来的量子互联网，用通俗的语言和实例向读者展现了量子纠缠的各种令人激动的最新应用。实际上，基于量子纠缠，一门新的交叉学科——量子信息科学已经诞生。尽管很多研究目前仍处于实验阶段，我们有理由相信，量子信息时代即将到来。

爱因斯坦曾经说过，逻辑可以使你从 A 到达 B，而想象则可以带你到任何地方。然而，他自己怎么也不相信量子纠缠这种似乎与相对论相抵触的现象，并斥之为“幽灵般的超距作用”。但是，越来越多的实验都已经证实了量子纠缠现象的真实存在。为此，我们必须改变对实在本性的常识看法。尽管对于如何改变，人们至今仍争论不休，但一幅新的更为奇异的世界图景正呈现在我们眼前。让我们现在就步入奇妙的纠缠世界吧！

第一章　幽灵出世

Entanglement

提起纠缠，人们可能会立刻想到一团缠结的线绳，或是人与人之间复杂的关系。本书所要讲述的量子纠缠是微观世界中的一种物理现象，即奇妙有趣又神秘莫测。通俗地讲，它是某种类似心灵感应的现象，只不过纠缠的主体是微观粒子，而不是生活在宏观世界中的人。自然是极美的，而描述她的物理学当然不会枯燥无味。为了理解这种不可思议的纠缠现象，让我们先从它的源头说起。

1.1　EPR 密码

1935 年 5 月的一天早晨，爱因斯坦像往常一样准时来到普林斯顿高等研究院的办公室。他来普林斯顿小镇快两年了，已经熟悉并开始喜欢这个恬静的“世外桃源”。办公桌上放着他和助手波多尔斯基、罗森一起刚刚发表在《物理评论》上的论文。他拿起来看了看，脸上露

图 1.1　爱因斯坦

图 1.2　爱因斯坦和玻尔

出孩子般顽皮的微笑——这回他终于可以战胜老对手玻尔了。与此同时，在大西洋彼岸的哥本哈根大学玻尔研究所，爱因斯坦的文章立刻引起了物理学家玻尔的关注和不安。这对他来说简直是个晴天霹雳！玻尔立刻放下所有的工作，他说："我们必须睡在问题上。"

爱因斯坦和玻尔是20世纪两位最伟大的物理学家，他们都为量子理论的建立做出了奠基性的贡献。然而，他们对于这个理论的含义却一直争论不休。这一争论被称为"关于物理学灵魂的论战"。不管这场争论的细节和结局如何，正是1935年这篇著名的EPR论文不经意间打

世纪之谜

EPR 论文发表之后，在物理学界引起了很大的反响。但是，人们起初并不理解 EPR 论文的精髓，而玻尔精心准备的反驳也有些所答非所问。物理学家薛定谔在给爱因斯坦的信中形象地描述了这一情况："这就好像一个人说，'芝加哥有点冷'；而另一个人回答说，'那是一种错误的见解，佛罗里达非常热。'"爱因斯坦也回信抱怨道："几乎所有人都不从事实去看理论，而是从理论去看事实。他们不能从曾经接受的观念之网中解脱出来，而只是在其中以一种奇异的方式跳来跳去。"实际上，EPR 论文所揭示的是 20 世纪物理学的两大基石——相对论和量子理论之间存在着深刻的矛盾。简单地说，这两个理论至少有一个是错的，或者两者都有问题。爱因斯坦将这一矛盾称为悖论，它就是今天人们常说的 EPR 悖论。爱因斯坦既是相对论之父，又是量子理论的奠基人。他最了解这两个理论，当然也最清楚"鞋子究竟在哪里夹脚"。在爱因斯坦看来，答案是明显的，相对论是对的，而量子理论是错的，至少不完备。然而，上帝比爱因斯坦所能想象的还要狡黠。今天，相对论和量子理论的不相容性问题已成为当代物理学基础中的一个最大难题。我们将在第五章详细讨论这一世纪之谜。

开了一道门，那门通向神秘的量子纠缠世界。

EPR这个名字本身并没有什么玄机，它就是三位物理学家爱因斯坦、波多尔斯基和罗森的姓氏首字母的缩写。开门的密码藏在论文中。那么，EPR论文究竟说了什么呢？撇开具体的数学推导和逻辑论证，其内容说起来也很简单，它所讨论的就是两个微观粒子之间的弹子球游戏。

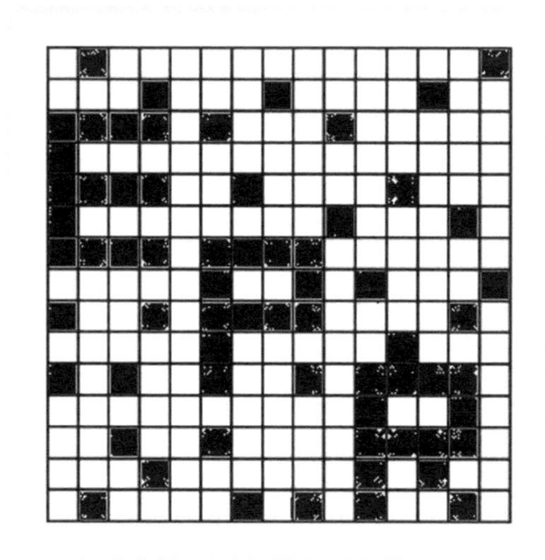

图1.3 EPR密码

1.2 弹子球游戏

很多人在孩提时代都玩过弹子球。每个人都清楚，游戏的关键是控制弹子球弹出的方向和速度。谁控制得越好，谁赢的机会就越大。实际上，这里还有一个隐含的前提，那就是弹子球的碰撞过程是有规律的。具体地说，如果两个小球相撞后分开，它们的位置和速度就会有关联。例如，对于最简单的情况，相同质量的小球，

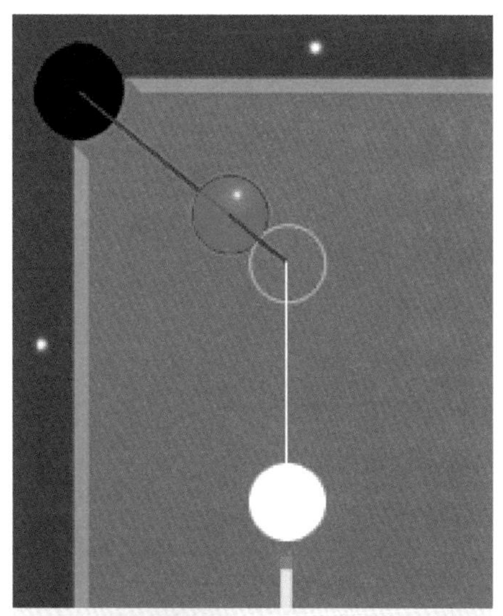

图1.4 弹子球碰撞

以相同速度在某个位置碰撞后分开，则在任何时刻，它们的位置与碰撞位置的距离都相同，并且两者速度大小相等，方向相反。

这种相关性为我们提供了便利。当测量到一个小球的位置后，就会立刻知道另一个小球的位置，不论这两个小球相距多远；对于速度，情况也是一样的。不过尽管两个小球的位置和速度之间存在相关性，它们却是相互独立的。对一个小球进行测量，并不会影响另一个小球；设法让一个小球停下来，另一个小球仍然会继续运动，而不会受到丝毫影响。

当然，我们可以在小球之间加入明显的相互影响。例如，为每个小球加上一个微型的无线通信装置。这一装置可以探测到小球自身的速度变化，并可以发信号通知另一个小球；而另一个小球上面的无线通信装置则可以接收信号，并在接收到信号之后启动相应的机械装置改变这一小球的速度。这样，两个小球将不再是独立的，而开始纠缠起来。利用这套微型装置，我们甚至可以让一个小球停下来后，另一个小球也立即停下来。于是，两个小球之间将存在明显的相互影响。然而，小球之间的这种相互纠缠是可以被屏蔽掉的。例如，可以用电磁屏蔽装置将两个小球隔离

贝特曼先生的袜子

小球之间的关联正如贝特曼的袜子之间的关联，它们都是典型的经典关联。本书开头介绍的贝特曼袜子的故事出自贝尔（J. S. Bell）1981年的文章《伯特曼（R. A. Bertlmann）的袜子与实在的本质》。此图亦摘自这篇文章。

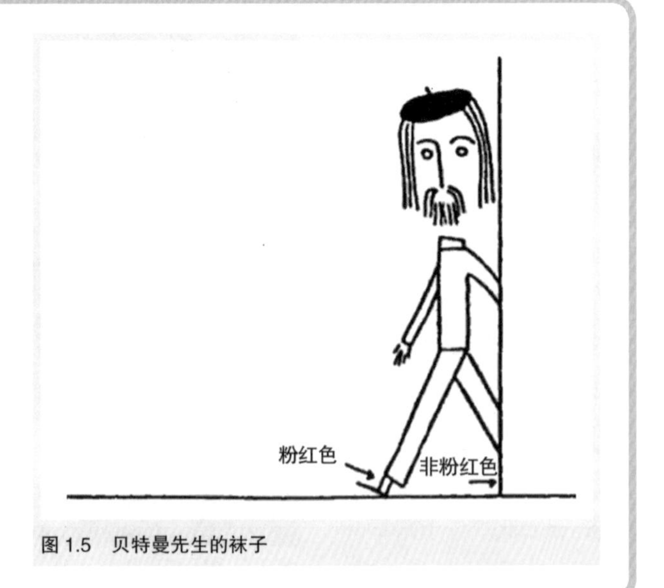

图1.5　贝特曼先生的袜子

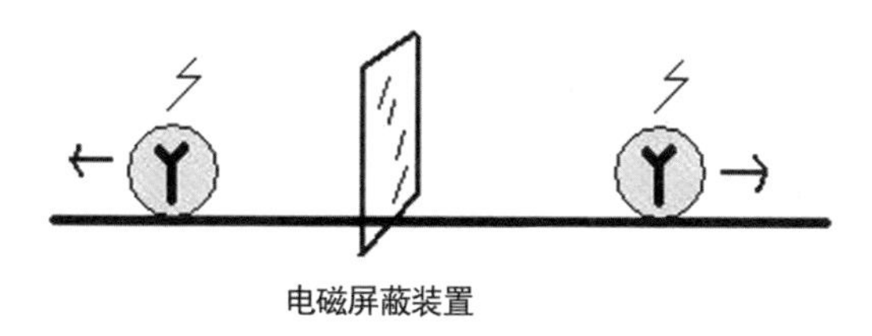

图 1.6 可被屏蔽的经典纠缠

开。由于电磁屏蔽室会完全屏蔽掉无线信号，小球上的微型无线通信装置将无法相互联络。这样，两个小球又成为相互独立的了。看来，小球间通过电磁信号所形成的相互纠缠还不够紧密。这种纠缠在空间中可被隔离，或者说它有空间缝隙。

那么，是否存在无法屏蔽的相互影响呢？答案是肯定的，引力就是典型的例子。尽管小球间的引力极其微弱，但由于它是不可屏蔽的，原则上我们可以制造出一种检测弱引力的装置，以代替上面的无线通信装置。这样，两个小球之间总有相互影响，而纠缠也变得更加紧密。改变一个小球的速度，另一个小球的速度就会发生相应的显著变化，不论中间的环境如何。然而，这种纠缠仍然有时间缝隙。具体地说，小球间的引力影响是以有限的速度——光速传播的。于是，一个小球的速度变化将在一定时间后才会导致另一个小球的速度变化。这一时间间隔等于小球之间的距离除以光速。如果一个小球在地球上，另一个小球在月球上，那么这一延时约为 1 秒多。在这个时间缝隙内，两个小球仍然是相互独立的。

这就是我们熟悉的宏观世界，其中物体之间本质上是相互独立的，一个物体不会对另一个物体施加瞬时的影响。而物体之间的纠缠也是有条件的，既受空间限制，又受时间限制。这些都很容易理解，没有什么不可思议的东西。难道世界真的如此平淡无奇吗？让我们看一看微观粒子之间的弹子球游戏吧。尽管爱因斯坦坚定地认为微观世界依然如此，量子理论却预言微观粒子之间存在一种超越时空的无缝纠缠。或许，对爱因斯坦来说，是他的 EPR 论文打开了一个“潘多拉魔盒”。

1.3 电子版本

宇宙不仅比我们想象的奇怪，而且比我们能够想象的还奇怪。

——爱丁顿

爱因斯坦在EPR论文中讨论了两个微观粒子的弹子球游戏，这里我们以电子为例进行说明。两个电子经过一定的相互作用后分开，它们的速度（严格来说是动量）之间和位置之间存在下述关联：两个电子的速度总是大小相等、方向相反，而它们之间的距离随时间按一定规律不断增加。表面看起来，这种关联规律似乎与小球情况完全相同。利用这一规律，当测量到一个电子的位置后，就会知道另一个电子的位置，并且对其位置的测量将证实这种相关性。类似地，当测量到一个电子的动量后，也会知道另一个电子的动量，而后继测量同样将证实这种相关性的存在。难道电子真的只是更微小的小球吗？

让我们更仔细地检查一下测量结果。我们会发现，尽管两个电子的位置之差（即两个电子之间的距离）随时间的变化是有规

上帝的骰子

微观世界中无处不在的随机性的确让人难以理解，即使是爱因斯坦也为此感到困惑。1920 年年初，他在一封写给物理学家玻恩的信中说：“关于因果性问题也使我非常烦恼。光的量子吸收和发射究竟能否完全按照因果性要求去理解呢？还是一定要留下一点统计性的残余呢？我必须承认，在这里，我对自己的信仰缺乏勇气。但是，要放弃完全的因果性，我会是很难过的。”1924 年，爱因斯坦又给玻恩写信表达了他的看法：“我决不愿意被迫放弃严格的因果性，而不对它进行比我迄今所进行过的更强有力的保卫。我觉得完全不能容忍这样的想法，即认为电子受到辐射的照射后，不仅它的跳跃时刻，而且它的方向，都由它自己的自由意志去选择。在那种情况下，我宁愿做一个补鞋匠，或者甚至做一个赌场里的雇员，而不愿意做一个物理学家。”不久后，在 1926 年 12 月 4 日致玻恩的信中，爱因斯坦写下了那句著名的隐喻：“我无论如何深信上帝不是在掷骰子。”我们将在第六章详细讨论上帝的骰子。

律的，但每个电子的位置却是完全随机的。例如，在一次实验中，在相互作用后1秒时测量两个电子的位置，结果分别为–1.59米和0.41米；而在另一次相同的实验中，在相同的时刻测量两个电子的位置，结果却是–0.17米和1.83米。这里，我们设定两个电子分开时的位置为坐标原点0。尽管在相互作用后1秒时两个电子的距离总是确定的2米，但每个电子的位置却是不确定的、随机的。此外，尽管两个电子的速度测量值总是大小相等、方向相反，但是其数值同样是随机的。例如，在一次实验中，测量两个电子的速度，结果分别为–1.12米/秒和1.12米/秒；而在另一次实验中，两个电子的速度测量值则分别为–0.91米/秒和0.91米/秒。这种随机性是一个意料之外的新现象。无论使用多么精确的测量仪器，都无法消除这种随机性。

于是我们发现，两个经过一定相互作用之后分开的电子之间存在着一种随机相关性，而不是像小球那样的确定相关性。这种随机相关性似乎比确定相关性更强，从而暗示电子之间的纠缠会更加紧密。那么，这样的两个电子之间究竟是不是相互独立的呢？对其中一个电子进行测量是否会立刻影响另一个已经相距遥远的电子呢？

为此，我们需要进一步分析这种新的随机相关性。如果两个曾经有过相互作用的电子，如两个相互碰撞后分开的小球一样，是相互独立的，[1] 那么随机相关性只能来自两个电子本身，由它们过去的相互作用产生。此外，由于对两个电子的测量过程是相互独立的，测量还必须真实地反

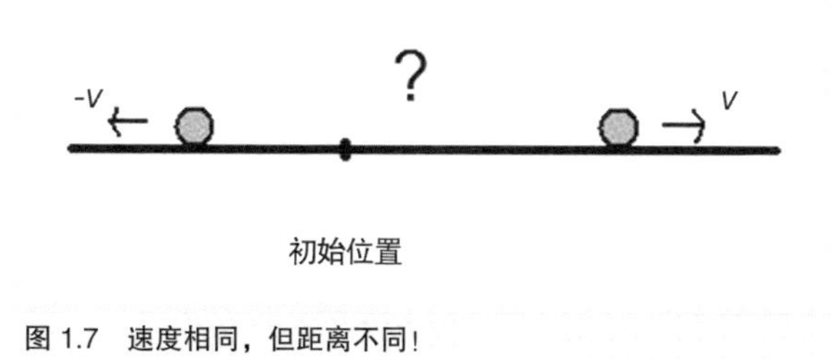

图1.7 速度相同，但距离不同！

1. 这种相互独立性一般被称为定域性，可以严格表述为：对于两个空间上分离的物理系统中一个系统的作用（如测量）不会立即对另一个系统产生影响。

映电子性质的实际值，否则无法说明测量值之间的相关性。问题的关键在于，两个电子之间曾经的相互作用是否能产生它们此后位置（以及速度）之间的随机相关性。随机性本身似乎不难理解。由于电子之间的相互作用过程非常复杂，其中很多因素也许还不知道，也无法控制，所以相互作用后分开的电子的位置很可能是随机的。但是，这样的两个电子位置之间所存在的精确的相关性又如何解释呢？由于两个电子的各自位置都是完全随机的，这种相关性似乎很难说明。

实际上，还有更棘手的问题，那就是：电子速度测量值的相关性似乎与电子位置测量值的相关性相矛盾。如果去测量两个电子的速度，那么我们会发现，它们总是大小相等、方向相反。但是，如果我们选择在某个时刻（如相互作用后1秒）去测量两个电子

“量子纠缠”的来历

受到爱因斯坦论文的启发，薛定谔进一步研究了EPR思想实验中微观粒子之间所存在的独特关联，并最早用“纠缠”一词来描述这种不同于经典关联的新的量子关联。他在1935年发表于《剑桥哲学学会会刊》的文章中说：“两个系统……由于它们之间已知的力开始暂时的相互作用，在一段时间的相互影响后再次分开，这时它们不再能像以前那样被描述，即赋予每个系统一个自己的表象。我不愿说这是量子力学的一个独特性质，而宁愿说这正是量子力学的独特性质，这种性质加强了它与经典思考方式的背离。通过相互作用，这两个表象（量子态）已经被纠缠起来。”这是“纠缠”一词第一次出现在物理学文献中。今天，量子纠缠已成为物理学中的一个流行词汇，并引发了一门新的交叉学科——量子信息学的诞生。

关于“纠缠”一词，薛定谔在文章中用的是英语“Entanglement”，而很可能他最先想到的是德语“Verschraenkung”（薛定谔是奥地利人，他的母语是德语）。尽管这两个词都包含不可分离的意思，但它们还是有微妙的区别。前者主要用来描述丝和线的缠结，隐含混乱的意思；而后者则强调有序的折叠和交叉。在汉语中，“纠”的本义是三股的绳子，“缠”的本义是围绕和缠绕。而“纠缠”一词可能最早出自战国时期的黄老学著作鹖 冠子·世兵》，其中有：“祸乎，福之所倚；福乎，祸之所伏。祸与福如纠缠，浑沌错纷，其状若一，交解形状，孰知其则？”

的各自位置，我们会惊奇地发现，它们离开初始位置的距离（在绝大多数情况下）竟然各不相同。例如，在前面的实验中，在相互作用后 1 秒时测量到一个电子离开初始位置的距离为 -1.59 米，而另一个电子则是 0.41 米。可以看出，在两个电子相互独立的前提下，这两个实验事实是矛盾的。如果假设两个电子以大小相等、方向相反的速度离开初始位置，

图 1.8 薛定谔

那么可以很容易说明速度测量值总是大小相等、方向相反的实验结果，但却无法说明测量到的位置与初始位置的距离不相同的实验结果；另一方面，如果假设两个电子以方向相反、大小不等的

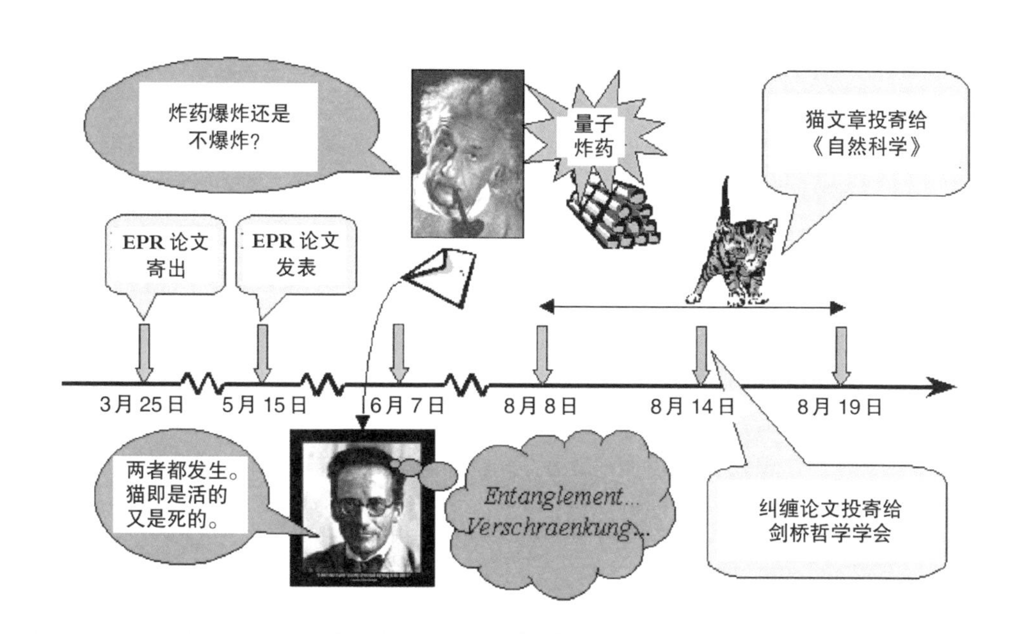

图 1.9 量子纠缠诞生时间表

此图引自剑桥大学量子计算中心网页（http://cam.qubit.org/users/matthias/Entanglement/Entanglement.php）。

速度离开初始位置，那么确实可以说明测量到的位置与初始位置的距离不相同的实验结果，但却不能说明速度测量值总是大小相等、方向相反的实验结果。因此，关于电子位置和速度的测量结果中所显示出的随机相关性似乎无法完全由电子本身来解释。

如果随机相关性不是完全来自电子本身，那么必然部分来自测量过程。这意味着测量结果将与电子位置的实际值有所不同，或者说，测量过程将改变电子的位置，而这个改变后的位置对应于最终的测量结果。[1]此外，测量结果之间的相关性进一步要求，这种改变将针对两个电子，而不只是被直接测量的那个电子。换句话说，对一个电子位置的测量将会改变两个电子的位置，并使它们的位置对应于最后的测量结果。这样，两个电子的位置测量结果之间才可能存在相关性。例如，即使两个电子以大小相等、方向相反的速度离开初始位置，或者说，即使两个电子的实际位置与初始位置的距离总是相同的，但由于测量会改变两个电子的位置，从而不仅可以使它们的位置测量值不是不经测量状态下的电子位置，并且还可以使两者之间满足上述相关性规律。

由于对两个电子的位置测量可以同时进行，测量所导致的位置改变还必须是严格同时的。明显地，这种同时改变必须依赖于两个电子之间的某种更紧密的纠缠。对于两个不相关的电子，测量一个电子没有理由同时影响另一个电子。因此，如果测量过程真的对随机相关性有贡献，那么将说明电子之间存在某种超越时空的紧密纠缠。然而，我们已有的常识和经验会本能地反对这种可能性。毕竟，当两个电子相互分开很远后，它们之间的电磁力和引力都变得极其微弱，尤其是，比小球之间的引力还要弱很多倍，而且这些作用力的传播还需要时间。的确，这种可能性很难想象，但我们还无法完全排除它，而且随机相关性的存在似乎强烈支持这种可能性。

---

1. 看来，测量不是简单地反映被测量的性质，还将对被测量性质的实际状态产生影响，并最终产生出确定的测量结果。而这种影响和产生过程不应当与具体的测量仪器有关，它必然是自然规律的一部分。这正是量子测量与经典测量的根本不同。为此我们必须修正关于测量的常识观点。

现在，EPR 论文终于显露出它的玄机：微观粒子之间的弹子球游戏的确不同于我们熟悉的普通弹子球游戏。电子之间的随机相关性很可能预示了微观粒子之间存在一种超越时空的神秘纠缠。那么，这种纠缠究竟是否真的存在呢？实验又是否能给出判决式的检验呢？爱因斯坦很坚定地持否定意见，并且极力反对“上帝掷骰子”。但是，上帝毕竟是狡黠的，尽管可能并不怀恶意。

1.4 自旋门

由于电子的位置是随机的连续变量，有无穷多种可能值，微观粒子的弹子球游戏在数学处理上比较复杂，并且实验测量也很困难。1951 年，普林斯顿大学的物理学家玻姆在《量子理论》一书中提出了新的自旋版本，以粒子的自旋性质代替原来使用的位置和动量。这不仅简化了理论分析，而且也为进一步的实验检验奠定了基础。爱因斯坦对这本书非常赞赏，后来也曾用自旋为例讨论他的弹子球游戏。

自旋是微观粒子的一种特有性质，它的取值总是分立的，而不是连续的。这使得数学处理变得非常简单。例如，电子沿任意方向的自旋只有两个可能的取向，要么向上，要么向下，可以分别用两个数 +1 和 –1 来表示。对于光子来说，其自旋性质又称为偏振，而偏振太阳镜就是一种最简单的偏振测量装置，它只允许一定偏振状态的光子通过。可见，测量自旋也是很容易的。

现在我们就来看一看弹子球游戏的自旋版本。在这个新游戏中，一个总自旋为零的粒子（如氢分子）分解为两个粒子（如两个氢原子），它们沿相反方向分离开。尽管每个粒子的自旋测量

图 1.10　偏振太阳镜

值仍是随机的，它们的和却是一个确定值，总为零。我们还是以电子为例进行讨论。假设两个分开的粒子是电子，它们沿任意方向上的自旋值总是相反的（即总和为零），并且每个电子的自旋取 +1 和 –1 的概率是相同的。这样，如果测量一个电子沿 a 方向的自旋值为 +1，那么另一个电子沿 a 方向的自旋测量值一定为 –1。此外，同样会出现随机性。每个电子的自旋测量值取 +1 或 –1 是完全随机的。例如，当测量某个电子沿 a 方向的自旋时，结果有时是 +1，有时是 –1，毫无规律可言。只有当测量大量电子后，这种随机结果的分布才显示出一定的规律性，即两种自旋测量结果出现的比例相同，都是 1/2。于是，两个电子的自旋测量结果之间仍然存在随机相关性。

另一方面，我们注意到，自旋之间的相关性比位置之间的相关性似乎更紧密，因为不仅是一个方向上存在随机相关性，而是所有方向上都有随机相关性。这里，方向的数目实际上是无穷多个，从而相关性限制无疑变得更加严格。具体地说，沿任意一个方向测量每个电子的自旋，结果都是随机的，但是两个电子的自旋测量结果却总存在严格的反向相关性：如果一个电子的自旋值为 +1，另一个电子的自旋值肯定为 –1。那么，如何来解释无穷多个方向上的随机相关性呢？这种巨量的随机相关性又来自哪里呢？是电子本身，还是测量过程？抑或两者兼而有之？

如果两个电子分开后，像分开后的小球一样，是相互独立的，那么随机相关性只能来自电子本身。这样，在任意方向上，电子的自旋性质不仅都有确定的取值，而且两个电子的自旋值还是相反的。此外，测量结果将与自旋的实际值相同，从而也具有同样的相关性。当然，这是我们最熟悉的图像。但问题在于，是否能产生出所有方向上自旋都有随机相关性的电子对呢？实际上，所有方向上电子自旋都有确定值的图像很难想象。直觉告诉我们，电子的自旋似乎应当只在一个方向上有确定的值，就如同一个旋转的陀螺那样。但是，电子毕竟不是陀螺，也许它的性质更难以捉摸，而我们的直觉也需要不断更新。一幅可能的自旋图像是电子像一个斑点球，球上每个点的颜色要么是白色，要么是黑色，分别代表沿此点方向的自旋值为 +1 或 -1。如果电子的自旋的确可以在所有方向上都有确定值，剩下的问题就是两个电子的自旋是否能在所有方向上都具有随机相关性。由于电子的自旋只有两个可能的取值，对于单个方向这不难实现。但对于所有的无穷多个方向，实现起来似乎并不容易。不管怎样，两个电子的相互独立性仍然只是一个假设。

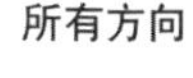

图 1.11 旋转的陀螺和斑点球

那么，两个电子之间究竟是否独立呢？它们的实际自旋情况能满足测量结果所显示出的随机相关规律吗？为了回答这些问题，我们还需要了解和分析更多的实验事实。出人意料的是，通过进一步分析自旋版本的弹子球游戏，或者说，通过打开这道自旋门，我们将最终步入一个神秘莫测的纠缠世界。

1.5 答案藏在图中

为了了解自旋测量结果的更多规律性，我们考察对两个电子分别测量不同方向自旋的情况。例如，测量一个电子沿方向 a 的自旋，并同时测量另一个电子沿方向 b 的自旋。首先，每个电子的自旋测量结果仍然是随机的；其次，测量结果之间不再有测量值完全相反的严格相关性，但仍然存在一定的相关性。具体地说，两边自旋测量方向之间的夹角越小，自旋测量值相反情况的比例就越大。当夹角为 0° 时，自旋测量值当然都是相反的；当夹角为 90° 时，自旋测量值相反情况和自旋测量值相同情况将各占一半；而当夹角为 180° 时，自旋测量值又是完全相反的。我们感兴趣的还有 60° 和 120° 的情况，当夹角为 60° 时，自旋测量值相反的情况占 3/4；当夹角为 120° 时，自旋测量值相反的情况只占 1/4，而自旋测量值相同的情况占 3/4。这一渐变规律性的存在似乎也在意料之中，而且可以理解。那么，两个电子的实际自旋能否满足这种新的规律性呢？

我们可以利用形象化的图形来分析电子的实际自旋分布。如图 1.13 所示，我们以平面上单位面积内的点来表示单个电子可能的自旋取值情况。例如，区域Ⅰ表示电子沿方向 a 的自旋为 +1 的情况，而区域Ⅰ的外部则表示电子沿方向 a 的自旋为 –1 的情况；类似地，区域Ⅱ表示电子沿方向 b 的自旋为 +1 的情况，区域Ⅲ表示电子沿方向 c 的自旋为 +1 的情况。由于沿任意方向电子的自旋为 +1 和 –1 的情况一样多，即各占一半，区域Ⅰ、Ⅱ、Ⅲ的面积都为 1/2。

电子 1 沿 0° 方向的自旋	电子 2 沿 120° 方向的自旋
+1	+1
–1	–1
–1	–1
+1	–1
–1	–1
+1	+1
+1	–1
+1	+1
–1	–1
+1	+1
+1	–1
–1	–1

图 1.12　120° 夹角的自旋相关性

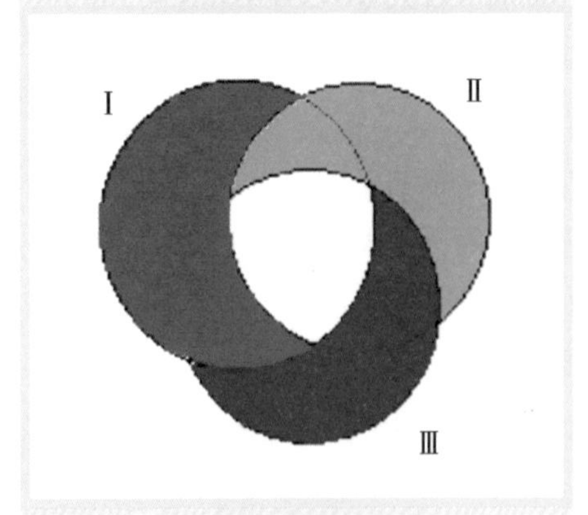

图 1.13　自旋分布图

我们考察在区域Ⅰ中而不在区域Ⅱ中的部分（即图中左边月牙部分），它对应于电子沿方向 a 的自旋为 +1，沿方向 b 的自旋为 –1 的情况。类似地，在区域Ⅱ中而不在区域Ⅲ中的部分表示电子沿方向 b 的自旋为 +1，沿方向 c 的自旋为 –1 的情况；在区域Ⅲ中而不在区域Ⅰ中的部分表示电子沿方向 c 的自旋为 +1，沿方向 a 的自旋为 –1 的情况。通过图示可以很明显地看出，这三部分的面积之和最大只能为单位面积，即这三种情况所占比例之和的最大值为 1。

下面我们看看这个要求能否和自旋测量结果的分布规律相一致。我们选取方向 a、b、c 之间的夹角互为 120° 。考虑到两个电子实际自旋取值之间的相关性，一个电子沿方向 a 的自旋为 +1，沿方向 b 的自旋为 –1 的情况正好对应于这个电子沿方向 a 的自旋为 +1，另一个电子沿方向 b 的自旋也为 +1 的情况，而根据上述自旋测量结果的分布规律，当 a、b 之间的夹角为 120° 时，这一情况（在此电子沿方向 a 的自旋为 +1 的情况中）所占比例为 3/4。考虑到此电子沿方向 a 的自旋为 +1 的情况占总情况的比例为 1/2（即区域Ⅰ的面积为 1/2），所以上述情况占总情况的比例为 3/8。因此，在区域Ⅰ中而不在区域Ⅱ中的部分（即图中左边月牙部分）的面积为 3/8。类似地，在区域Ⅱ中而不在区域Ⅲ中的部分的面积，以及在区域Ⅲ中而不在区域Ⅰ中的部分的面积都为 3/8。于是，这三部分的面积之和为 9/8。明显地，9/8 > 1。因此，电子自旋的实际分布无法满足自旋测量结果的分布规律。

让我们再重新整理一下思路。

首先，实验上可以产生两个自旋关联的电子，它们在任意方

爱因斯坦的保守与 EPR 的影响

爱因斯坦在超距问题上的保守性是可以理解的。原因在于，定域性假设在当时看来的确是一个被广泛接受的合理假设。人们不仅从基于它的麦克斯韦电磁场理论的成功中获得了足够的信心，并且由于相对论的出现而愈加对其深信不疑，而与之对立的非定域性和超距作用则无论在当时的物理学理论中还是在人们的思想中都无立足之地。因此，即使玻尔利用他晦涩的互补性原理反驳了 EPR 的结论，他本人也不相信量子非定域性的存在。尽管爱因斯坦利用相对论证明量子力学不完备的论证走错了方向，[1] EPR 文章本身却对后来的量子力学基础研究产生了深远影响，尤其是它使人们第一次真正注意到微观世界中的量子纠缠和非定域性现象，并进而引发人们对这些现象进行更深入的理论和实验研究。EPR 文章发表之后，薛定谔首先对文章中提到的粒子纠缠态进行了推广，并给出量子纠缠态的严格定义；玻姆则将位置和动量纠缠态换以自旋纠缠态，从而使量子纠缠态在实验上更容易实现。然后，到了贝尔，关于量子纠缠态的非定域性分析出现了实质性的进展，他所提出的贝尔定理使非定域性的存在终于可以被实验验证了。最后，阿斯派克特等人在实验上令人信服地证明了量子非定域性的存在。这一切都源自 EPR 文章！可以说，是它引出了本书的神秘主角——量子纠缠。

1. 尽管 EPR 文章的结论不能成立，但我们也不能因此证明量子力学就是完备的。实际上，与 EPR 同年发表的薛定谔的文章才真正触及量子力学的完备性问题，并显示了量子力学的主要问题是它的波函数坍缩假设无法提供对测量过程的完备描述，这篇文章中所利用的证据之一就是著名的薛定谔猫思想实验。

向上的自旋测量值总是相反的；而且，关于这两个电子的不同方向的自旋测量结果中还存在更多的规律性。例如，自旋测量方向

大胡子贝尔[1]

图 1.14 贝尔

爱尔兰物理学家贝尔最早注意到，EPR 实验中测量结果的统计相关性为量子非定域性[2]的存在提供了一个严格证明，并为进一步的实验检验奠定了基础。20 世纪 60 年代，贝尔是欧洲核子研究中心（CERN）的一名理论物理学家，他的专职工作是加速器设计和粒子物理学研究，而关于量子力学基本问题的研究只是他的业余爱好。这些问题在当时已为爱因斯坦和玻尔激烈地争论过，但没有结论。贝尔认为自己是爱因斯坦的追随者。他曾经对好友伯恩斯坦（Jeremy Bernstein）解释说：“我认为，在这个问题上，爱因斯坦比玻尔具有更大的智力优越性，在那些清楚地看到需要什么的人与蒙昧主义者之间存在一个巨大的隔阂。”贝尔最初是想利用爱因斯坦所坚持的定域实在图像来解释 EPR 实验，然而，他却意外地推导出一个不等式，并建立了一个不可能性证明。贝尔发现，任何与量子力学具有相同预测的理论将不可避免地具有非定域性特征。这个结论被称为贝尔定理。具体地说，量子力学预言在相互纠缠的微观粒子（如电子、光子等）之间存在某种非定域关联；如果对其中的一个粒子进行测量，另一个粒子将会瞬时“感应”到这种影响，并发生相应的状态变化，无论它们相距多远。至今，贝尔定理已得到大量实验的证实。

本节的内容实际上就是贝尔定理的一种图形化证明。贝尔的证明最初发表于 1964 年的美国《物理》杂志上，文章只有 5 页长，其中关键的一节“矛盾”只有两页，论证十分简单、清晰。有趣的是，《物理》杂志只出版一年就停刊了，从而成为历史上最短命的物理学杂志，但由于贝尔的文章它却广为人知。

1. 本段内容节选自《量子》，略有改动。

2. 非定域性是与定域性相对立的一种性质，一般可以表述为：对于两个空间上分离的物理系统，对其中一个系统的作用（如测量）会立即对另一个系统产生影响。

之间的夹角越小，自旋测量值相反情况的比例就越大。尤其是，当夹角为 120° 时，自旋测量值相反的情况占 1/4，而自旋测量值相同的情况占 3/4。

其次,我们还是利用小球的图像来理解电子的自旋关联现象。我们假设，尽管两个电子的自旋测量值之间存在相关性，它们在分离之后，和小球一样，也是相互独立的。这样，电子自旋的实际值必须满足测量结果所显示出的自旋分布规律。

最后，我们发现，在某些情况下，例如，当考察电子在 0°、120° 和 240° 方向上的自旋取值分布时，电子自旋的实际分布无法满足测量结果所显示出的随机相关分布规律。因此，两个电子在分离之后并不是相互独立的，而随机相关性也必然部分来自测量过程。[1] 具体地说，测量过程通过这种非独立性或纠缠性同时影响了两个电子,并产生出所观测到的随机相关性。[2] 例如，

当代物理学家分类

一位杰出的普林斯顿物理学家说过："不被贝尔定理困扰的人脑袋里一定有石头。"受此言启发，美国物理学家牟民（N. David Mermin）曾根据贝尔定理将当代物理学家分为如下两类：[1]

类型 1：为 EPR 及贝尔定理所困扰的物理学家；

类型 2：（大多数）未被困扰，可以把这类再分成两小类；

类型 2a：那些解释他们为什么未被困扰的物理学家。他们的解释或者完全不着边际，或者包含错误的物理学断言。

类型 2b：未被困扰、也拒绝做出解释的物理学家。

1. 引自 N. David Mermin，"Is the moon there when nobody looks? Reality and the quantum theory"，Physics Today, Volume 38, Issue 4, April 1985, pp.38–47。

1. 值得指出的是，利用 Kochen–Specker 定理（Kochen and Specker 1967）可以直接得到下述结论，即量子测量不是反映被测量的预先存在的实际值，而是产生出新的测量结果。此定理不依赖局域性假设，对于单粒子同样适用。

2. 这里我们利用了一个隐含的假定，即对两个电子的异地测量之间是相互独立的。下一章我们将详细讨论这个假设。

在上面的例子中，当测量到一个电子沿方向 a 的自旋值为 +1 后，测量也会影响另一个电子，使得它沿方向 b（其中 a、b 之间的夹角为 120°）的自旋测量值为 +1 的情况的比例增加到 3/4；而如果没有这种影响，这一比例将只为 1/2。

通过分析随机相关性出现的条件，我们可以进一步了解这种测量影响的性质。首先，这种相关性与电子之间的分离距离无关，尤其是不随距离的增加而减弱。目前利用光子的 EPR 实验中分离距离已经达到 100 千米以上；其次，对两个电子的异地测量可以同时进行，或者间隔一定时间进行，这都不影响上述相关性。由于测量时间原则上可以任意短，即使以最大信号速度（即光速）传播的信号都来不及在两个测量系统之间传递影响；最后，这种相关性与电子之间的空间环境无关。不论是否存在电磁屏蔽装置，还是有极厚的防辐射铅墙，相关性不会有任何改变。从这些相关性出现的条件来看，测量影响必定是非定域的。具体地说，这种影响是瞬时的，与空间距离无关，并且与其间的空间环境也无关。当然，这种瞬时影响依赖于两个电子之间的某种更紧密的纠缠。对于两个不相关的电子，测量一个电子没有理由同时影响另一个电子。

看来，在微观粒子之间的确存在某种超越时空的量子纠缠，而基于这种纠缠对一个粒子的测量将会瞬时地影响另一个粒子。爱因斯坦曾将这种影响称为“幽灵般的超距作用”，以表示他坚定的不相信，然而，实验告诉我们这种超距作用是真实存在的。

1.6 诸多神秘性

必须承认，尽管量子物理学家可以计算和应用量子纠缠，他们至今仍不理解其背后的神秘机制。本书的主要目的就是要探究这个最深邃的世纪谜题。现在，让我们先看一看量子纠缠的诸多神秘性。

神秘性之一：纠缠的主体是什么？究竟是谁在纠缠？

这个问题看上去似乎很简单，当然是微观粒子在纠缠，再具体点说，就是粒子的某种性质，如自旋，相互纠缠。但是，粒子的自旋状态是怎样的？它是确定的吗？还是不确定的？抑或是不可知的？这才是问题的实质。由于测量无法将它完全揭示出来，这个实在性问题是否有意义呢？这又是一个更深刻的问题。我们甚至可以进一步追问，存在从经验到实在的道路吗？我们最终真的能揭开纠缠之谜吗？

神秘性之二：纠缠是如何形成的？纠缠的形式究竟是怎样的？

相互碰撞后分开的小球之间无论怎样也无法形成最紧密的量子纠缠，但曾相互作用过的微观粒子之间却可以轻而易举地相互纠缠。那么，粒子之间是如何形成纠缠的呢？又是通过何种形式来保持超越时空的量子纠缠呢？这种纠缠是幽灵般超距作用的基础。它不可能是一开始就固定下来的，而必须是实时维持的，为此两个关联电子即使相隔万里也必须一直保持某种“通信”。那么，它们又是如何“通信”的呢？我们熟悉的小球之间不存在这

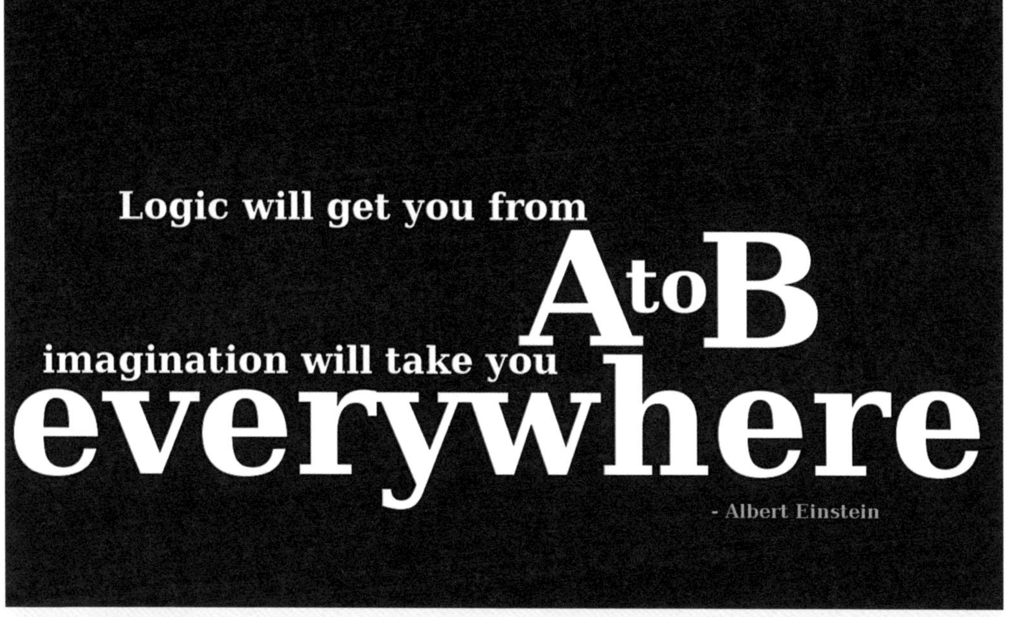

图 1.15 逻辑与想象

逻辑可以使你从 A 到达 B，想象则可以带你到任何地方。——爱因斯坦

种神秘的“通信”。

神秘性之三：纠缠能被解开吗？怎样才能解开纠缠呢？

这个问题似乎也很简单，测量就可以解开纠缠嘛。但是，纠缠是如何被测量解开的呢？测量为什么能解开纠缠呢？它究竟有什么特殊能力可以作为纠缠终结者呢？还有，测量只是一个苍白的词，它的精确定义又是什么呢？归根结底，什么过程才有资格成为测量呢？必须求助意识才行吗？这一测量问题实际上更为神秘。

神秘性之四：如何理解纠缠过程中存在的超距作用？它和相对论又如何结合呢？

测量不仅改变了被测粒子的状态，而且也同时改变了其他纠缠粒子的状态，这是如何进行的呢？不通过空间，也不需要时间，这种超越时空的超距影响简直太不可思议了！即使存在隐蔽的空间维度，也无法解释这种作用的瞬时性。究竟是怎样神奇的机制才能产生出这种超距作用呢？这不能不让人浮想联翩。更加神秘的是，这种超距作用是隐形的，而不是显现的。只有将两边的测量结果通过普通的光速（或亚光速）通信放到一起比较时，才能知道有超距作用存在，而只分析一边的测量结果却无法将它检测出来。因此，无法利用这种超距作用产生实际的超光速信号，但在现象背后确实有某种东西比光更快。在此意义上，这种超距作用的确是幽灵般的，这也使它更加神秘莫测。最后，这种超距作用是否和相对论有冲突呢？又如何与相对论相结合呢？究竟是否需要新的时空观念的变革呢？

看来，人们所熟悉的小球世界只是一个幻象，真实的世界实际上更加微妙和不可思议。从现在开始，我们将进入神秘的量子纠缠世界，正如爱丽丝掉进了兔子洞，从此开始奇妙的旅行。

第二章 失落的世界

Entanglement

尽管爱因斯坦的EPR论文打开了通向量子纠缠世界的大门，但这却是他不愿看到的。爱因斯坦心中的世界是实在的、统一的，微观粒子和宏观物体一样都具有确定的性质，符合确定性的规律；粒子间的相互作用也是定域的，以有限的速度传播；完全没有随机性，更没有超距作用。然而，他的继承者玻姆和贝尔却意外地发现这样的微观世界是不存在的。正如我们在上一章所看到的，结论似乎是确定无疑的。那么，已有的论证和实验就没有漏洞吗？难道真的没有补救办法？即使完全经典的世界是不可能

爱因斯坦心中的世界

在我们之外有一个巨大的世界，它离开我们人类而独立存在。在我们面前它就像一个伟大而永恒的谜，然而至少部分地是我们的观察和思维所能及的。对这个世界的凝视深思，就像得到解放一样吸引着我们，……许多我所尊敬和钦佩的人，在专心从事这项事业中，找到了内心的自由和安宁。——爱因斯坦，《自述》

图 2.1　爱因斯坦的背影

的，是否可以尽可能保留更多的实在性？是否还可以避免超距作用呢？令人遗憾的是，爱因斯坦未能看到他的经典世界最终成为一个失乐园。否则，他一定还会找到极其巧妙的办法来拯救这个世界。现在，只有让我们沿着他所指引的方向继续探险。

2.1　先定的和谐

让我们仔细检查一下超距作用存在的推理，就像大侦探一点点寻找蛛丝马迹一样。一个确定无疑的结论是：测量结果之间的随机相关性不可能全部来自被测量的粒子，而必然部分来自测量过程。但由此结论继续前进时，我们利用了一个隐含的假设，那就是：对两个粒子的异地测量之间是相互独立的。如果这个假设是对的，那么我们就会到达神秘的量子纠缠世界，那里有幽灵般的超距作用。而如果这个假设是错的，那么测量结果之间的随机关联就可能如小球情况那样，也来自过去的某个共同原因，从而我们仍然可以回到爱因斯坦的经典世界，在那里没有超距作用这种不可思议的东西。或许，冥冥之中真的存在一股隐秘的力量在决定一切？

让我们进一步探查一下这种可能性。首先，如果两个异地测量不是同时的，并且测量时间的间隔比较大，譬如，这一时间超过以光速传播的信号在两地之间的传播时间，那么，很明显，这两个测量之间就不是独立的，而是相关的。在这种情况下，原则上两边的测量结果之间可以存在任何形式的关联，包括随机相关性。一个极端的例子是，当一边的测量有结果后，不论结果是否是随机的，都可以通过以光速传播的信号（如电磁信号）将此结果通知另一边，而这就很容易使两边的结果产生相关性。实际上，这种相关性完全可以与被测量的粒子无关，甚至没有粒子也可以。因此，如果所有实验的测量时间都满足上面的前提，那么，关于两个微观粒子的测量结果之间的随机相关性并不会导致幽灵般的超距作用。不幸的是，到目前为止，很多实验，包括 1982 年阿斯派克特等人的经典实验，都不满足这个前提，即在这些实验中，两个异地测量（包括测量参数的选择）几乎是同时进行的，它们的时间间隔短于以光速传播的信号在两地之间的传播时间。例如，在阿斯派克特的实验中，以光速传播的信号在两地测量仪器之间需要的传播时间是 43 纳秒，而测量参数选择的最长时间只有 13.37 纳秒。

其次，如果两个异地测量的时间间隔很短，以至于以光速传播的信号来不及在两地之间传播，那么这两个测量之间是否就一定相互独立而没有关联呢？尽管肯定的回答符合常识，但

图 2.2 拉普拉斯

我们仍需要更仔细的分析，毕竟这是通往幽灵般超距作用的最后一道门，而超距作用如果存在将是一件天大的事情。一个最容易想到的反例是，两边的测量仪器之间会存在某种预先置入的关联，这可能源自测量者（如相同的测量计划），也可能来自仪器本身（如相同的制造过程）。然而，这种关联是可以避免的。例如，两边可以使用不同类型的测量仪器，并且测量过程完全由不同的程序自动控制，其中还可以加入随机数发生器等。这样，两边的测量选择（如自旋测量方向的选择）不仅是随机的，还是独立的。但是，如果世界是完全决定

拉普拉斯妖

法国数学家和天文学家拉普拉斯是超决定论的最有力的支持者。他于 1814 年提出一个著名的科学假设：“我们可以把宇宙现在的状态视为其过去的结果以及未来的原因。如果一个智能生物知道某一刻所有自然运动的力和所有自然构成的物体的位置，假如他也能够对这些数据进行分析，那么宇宙中从最大的物体到最小的粒子的运动都会包含在一条简单的公式中。对于这智能生物来说没有事物会是含糊的，而未来只会像过去一样出现在他面前。”这个假定的智能生物后来被称为拉普拉斯妖。

论的呢？如果随机性只是表面的假象呢？为此我们还需要考虑超决定论的可能性。

根据超决定论，宇宙中的一切都由宇宙的初始条件和超决定论的演化方程预先决定，不存在任何本质上的随机性。于是，量子随机性以及我们人类的自由意志都将消失在决定论的迷雾之中，而且这些还不够，为了解释随机相关性而不求助超距作用，我们还必须进一步假定：宇宙从大爆炸经过一百多亿年的演化进化出地球上的人类，而人类再走过几千年的文明历程，于 21 世纪的某一天在他们的量子实验中，在他们可自由选择的测量之间（无论何时进行测量，也无论用哪台测量仪器来测量）仍然存在着简单的、可辨认的超决定论的关联，它们竟没有淹没在自宇宙创生以来所不断积累的噪声之中，并且反而愈加如所需要的那样明显。无疑，这是极不自然的，也是极不可能的。

此外，超决定论还有致命的可预测性问题；这个理论实际上不具有预测性。我们不知道超决定论的演化方程，更无法知晓宇宙演化的每个细节，即使知道所有这些，我们也没有能力进行如此庞杂的计算而得出一个结果。“万物都是相互联系的”只是一句空话。没有精确的预测，也就无法检验理论的真伪。而这就使得超决定论几乎没有意义，至多不过是一种安慰剂。

然而，必须承认，这些有趣的哲学讨论并不能从根本上排除超决定论解释。我们后面将看到，从逻辑上分析，超决定论最终将被随机性和非连续性的真实存在所否定。

爱因斯坦论决定论和自由意志

如果月亮在其环绕地球运行的永恒运动中被赋予自我意识，它就会完全确信，它是按照自己的决定在其轨道上一直运行下去。这样，会有一个具有更高洞察力和更完备智力的存在物，注视着人和人的所有行为，嘲笑人以为他按照自己的自由意志而行动的错觉。这就是我的信条，尽管我非常清楚它不是可完全论证的。

——爱因斯坦致泰戈尔

先定的和谐

德国哲学家莱布尼兹，一个与牛顿比肩的人，在其著作《单子论》中曾提出一种“前定和谐”的宇宙图像。他认为一切事物都是由不可分割的实体——单子构成。每个单子都是一个封闭的自为世界，不受外界的影响，按自身的内部规律活动。这些彼此孤立的单子之所以能在运动变化中发生相互作用而构成世界的连续序列，其根本原因在于上帝预先规定了整个世界的和谐一致。具体地说，上帝在创造单子的时候，已预先安排好了每个单子以后的发展历程。每个单子所发生的一切变化只不过是最初植入其自身中的内容不断地展现出来，而全部单子和谐一致的变化便产生了世界的整体连续性。这就好比两座钟，如果它们被预先拨定在同一个时刻上，并以相同的方式和速率开始走，那么它们以后的运动就是完全吻合的。或许，关于相互纠缠的微观粒子的测量结果中所显现的随机相关性也是一种先定的和谐，而不必存在恼人的超距作用？然而，这一设想似乎比超决定论更不着边际。

图 2.3　莱布尼兹

2.2　寻找漏洞

尽管超距作用的存在从理论推理上看似乎没有什么问题，但是实验上会不会有漏洞呢？即使超距作用最坚定的支持者也不得不承认，至今还没有一个实验确定无疑地证实了超距作用的存在。好吧，现在就让我们仔细检查一下这些实验漏洞。

目前，关于超距作用的检验实验主要存在两类漏洞，它们是局域性漏洞和探测漏洞。局域性漏洞指的是关于纠缠粒子的异地测量之间存在相关性。一个典型的例子是，两个异地测量不满足所谓的类空分离条件，即测量时刻的间隔超过以光速传播的信号在两地之间的传播时间。探测漏洞很好理解，就是指探测器的粒子检测效率不高，总有一定比例的粒子检测不到。例如，光子探测器的效率现在还达不到 2/3，就是说平均 3 个光子中至少有 1 个逃过了探测器的眼睛。

那么，上述漏洞是如何影响超距作用的实验检验的，又是如何阻止超距作用存在的呢？我们先看一看局域性漏洞。正如我们上一节所指出的，如果两个异地测量的时间间隔比较长，那么原则上无法排除两地之间存在速度等于或小于光速的通信连接，而这种连接原则上将可以产生两地测量结果之间的相关性。因此，在存在局域性漏洞的前提下，这种相关性就不必求助于超距作用来解释了。

图 2.4　两个实验漏洞

最早关于超距作用的检验实验都存在局域性漏洞。阿斯派克特等人 1982 年的实验在克服局域性漏洞方面是一个巨大的进步。利用巧妙的超声驻波技术，他们的实验可以使两地测量时间之差第一次小于以光速传播的信号在两地之间的传播时间。然而，严格说来，即使这个实验也未能完全消除局域性漏洞。一个很明显的问题是，实验利用了一个连接两端光子探测器的符合计数器，以记录两端同时探测到光子的事件。尽管这一连接

从反例到范例

值得指出的是，在少数实验中没有观测到量子力学所预测的随机相关性，但后来发现这是由实验系统的误差造成的。例如，1976 年克劳瑟（J. F. Clauser）实验的结果违背量子力学。但是，克劳瑟发现在实验装置中一个装有电子枪和汞蒸气的玻璃球有问题，在修正这个错误后克劳瑟得到了符合量子力学的结果。此外，从逻辑上看，一般的实验误差更容易埋没，而不是加强测量结果之间的随机相关性。因此，实验越精确就越可能测量到随机相关性，从而支持超距作用的存在。

图 2.5 阿斯派克特和他的实验

看起来并不会影响实验结果，但原则上不能排除它对测量结果之间的关联有贡献，毕竟这是一条最直接的物理连接[1]。此外，用于检测光子的偏振器的方向选择也不是完全随机的，而这也可能产生测量关联。1998 年，因斯布鲁克大学塞林格（A. Zeilinger）等人的实验成功地克服了这些技术问题。他们将两个纠缠光子分离了 400 米，从而以光速传播的信号需要 1.3 微秒才能从一端传播到另一端，而两端的实验测量时间都小于 0.1 微秒。此外，两端偏振器的方向选择是完全随机的，并且符合计数是在测量结束后进行的，

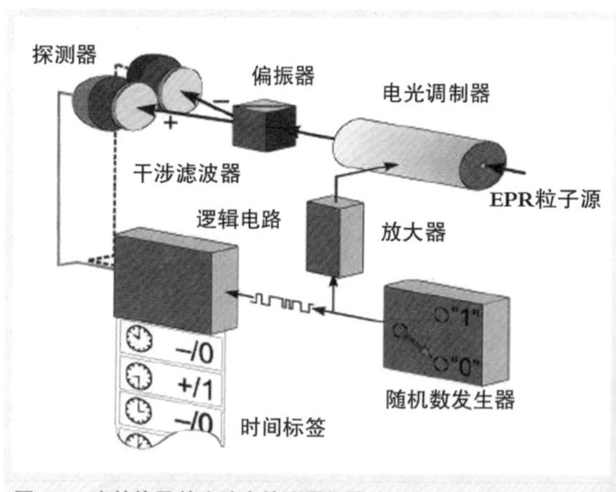

图 2.6 塞林格及其实验中的测量仪器

1. 美国物理学家牟民曾在《今日物理学》上发表文章讨论阿斯派克特的实验，并让读者一起来找实验的漏洞。有趣的是，一位普通读者来信指出，符合计数器的存在不就明显地在两端之间建立关联了吗？为什么这些量子专家没有注意到这个最明显的漏洞呢？

从而两端之间也没有直接的物理连接。可以说，塞林格等人的实验成功地消除了局域性漏洞。

然而，由于光子探测效率很低，塞林格等人的实验和所有光子纠缠实验一样，都存在探测漏洞。那么，为什么探测效率低会影响超距作用的实验检验呢？主要原因在于，探测器和偏振器检测不到光子的具体原因十分复杂，从而无法排除下述可能性，即它们可能具有某种未知的选择作用，例如，只选择与随机相关性一致的关联光子，而未将其他光子对计数。这样，两端测量结果之间的随机相关性就可能来源于测量仪器的选择作用，而不是超距作用。如果利用离子之间的量子纠缠来进行超距作用的实验检验，那么将可以克服探测漏洞。例如，罗（M. A. Rowe）等人 2001 年的实验利用了铍离子之间的量子纠缠，测量数据更加完备，并且由于测量仪器的高检测率而消除了探测漏洞。但是，在这些离子实验中，两个离子之间的分离距离一般只有几微米，而测量时间还无法短到皮秒（10^{-12} 秒）量级，因此都存在局域性漏洞。

令人欣喜的是，荷兰代尔夫特技术大学的汉森领导的团队在 2015 年终于实现了第一个可以同时消除探测漏洞和局域性漏洞的实验[1]。在这一实验中，他们将两个金刚石氮空位色心系统放在两个相距 1.3 公里的实验室中。利用纠缠光子对和纠缠交换技术，他们制备了两个系统中电子的自旋纠缠态进行实验。由于完成一次实验的时间不到 4.2 微秒，短于两个系统间光通信所需的时间 4.3 微秒，因此解决了局域性漏洞。此外，电子自旋的测量效率可达 96%，从而也可以消除探测漏洞。然而，由于探测事例较少，这一实验只在 2 个标准差上证实了超距作用的存在。未来还需要收集更多的实验事例以提高置信度[2]。

---

1. 参看文章 Hensen, B. et al. Loophole-free Bell inequality violation using electron spins separated by 1.3 kilometres. Nature 526, 682–686 (2015).

2. 参看文章 Hensen, B. et al. Loophole-free Bell test using electron spins in diamond: second experiment and additional analysis. Scientific Reports 6, 30289 (2016).

2.3 可想象，但不可见

1950年年初，爱因斯坦时常和他的朋友——物理学家派斯在普林斯顿高等研究院的草坪上散步，一起讨论关于客观实在的概念。有一次，他们走到一个地方，爱因斯坦突然站住了，他转向派斯问道："你是不是果真相信月亮只有当我们注视它时才存在？"爱因斯坦与派斯的对话表达了他对独立于观察的、确定性的实在世界的深深向往，那是来自经典物理学之父——牛顿的教诲，也是最符合常识的世界图像。

自从量子理论出现以后，人们就意识到由它所描述的微观粒子一般不具有确定的性质，只有我们对这种性质进行测量后才能得到一个确定的测量值。这一事实似乎意味着在测量之前不存在确定的、真实的世界。然而，人类固有的天性会本能地反对这个虚无缥缈且摇摆不定的世界。爱因斯坦就一直持反对态度：他不喜欢这个理论显示出的随机性，更不喜欢它对微观世界实在性的彻底抛弃。那个自牛顿时代起就鼓舞物理学家们的实在信念，是他进行物理学研究的根本动力。科学研究就是要揭开那个独立于我们而存在的外在世界的神秘面纱。如果真实的世界并不存在，我们所研究的岂不是没有猫的"猫的微笑"？EPR论文正是爱因斯坦试图证明量子理论不完备的一次令人钦佩的努力；量子理论**无权反对世界的实在性和确定性**。概率的出现很自然地是由于缺乏完备的知识，缺乏对隐藏的原因的认识，不是吗？于是，为了消除这种随机性和不确定性，人们开始寻找各种补救办

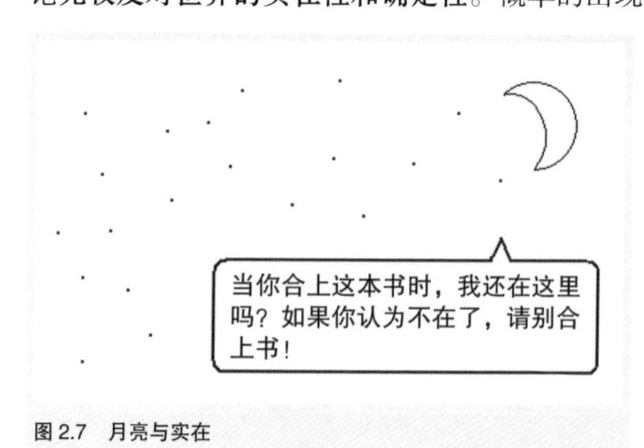

图2.7　月亮与实在

法。一种最直接的办法就是在量子力学描述中增加额外的隐变量，以赋予微观粒子以确定的性质，例如，这些隐变量可以同时提供粒子于任意时刻的位置和动量，从而使粒子和小球一样，也具有连续的轨迹。

在 1935 年那篇著名的 EPR 论文中，爱因斯坦曾动用他的相对论来维护微观世界的确定性。这里我们给出爱因斯坦自己的更简洁的论证。两个粒子经过短暂的相互作用后分离开，这一相互作用产生了两个粒子之间的位置关联和动量关联。爱因斯坦论证道，由于通过对粒子 1 的位置测量可以知道粒子 2 的位置，而根据相对论的定域性假设，这一测量不会立即影响粒子 2 的状态，从而粒子 2 的位置在测量之前是确定的；同理，粒子 2 的动量在测量之前也是确定的。于是，粒子 2 的位置和动量在测量之前都具有确定的值。简言之，如果不存在违反定域性假设的超距作用，那么微观粒子和我们熟悉的小球一样，也同时具有确定的位置和动量，并且这些性质与测量无关。然而，大量精确的实验已经反复证实了这种超距作用的存在，因此，爱因斯坦利用相对论来维护微观世界确定性的努力最终归于失败。

现在，超距作用的存在看来是不可避免了，那么，我们能否尽可能保留其他经典特征呢？最重要的就是世界的实在性和确定性，这也是爱因斯坦最关心的。1952 年，爱因斯坦的追随者、美国物理学家玻姆果真找到一个隐变量模型，并将人们重又带回到那个确定性的经典实在世界中，尽管其中轨迹也存在恼人的超距作用。

在玻姆的模型中，粒子仍然沿着一条精确的连续轨迹运动，只是这条轨迹不仅由通常的力来决定，而且还受到一种神秘的信息场的影响。这个场由量子力学方程来描述。它通过提供关于整个环境的能动信息来引导粒子运动，正是它的存在导致了微观粒子不同于宏观物体的奇异的运动表现。通俗地讲，这有些类似于雷达波引导轮船的情况，雷达从周围的环境收集信息，然后指引轮船航行，但轮船航行的动力则来自它本身的发动机。例如，在微观粒子的双缝实验中，尽管双缝后面是真空，但由于受到信息

爱因斯坦的追随者——玻姆[1]

在大学时代，玻姆就开始深深迷恋上量子理论。1939 年，他来到加利福尼亚大学伯克利分校攻读物理学博士学位。在那里他参加了奥本海默的量子力学讲习班，并在业余时间经常与同宿舍的博士生温伯格讨论量子问题。1946 年，玻姆成了普林斯顿大学的一名助教，然而，量子问题却始终萦绕在玻姆的心头。为了理解量子概念的精确本性，他决定写一本关于量子力学的书。

图 2.8 玻姆

5 年后，玻姆终于完成了《量子理论》一书，这本书后来成为最好的量子力学教科书之一。尽管玻姆在书中采用了正统的哥本哈根解释[2]，但是在写作这本书的过程中，他开始对正统观点产生怀疑。玻姆无法接受正统观点的下述教义，即微观粒子没有客观的存在性，只有当人们测量和观察它们时才具有确定的性质，同时，他也不愿相信量子世界是由纯粹的概率所统治的。玻姆逐渐相信，在量子世界表面上的随机性底下隐藏着更深刻的原因。

爱因斯坦对玻姆的书给予了很高的评价，他热情地给玻姆打了电话，并说他想和玻姆讨论一下那本书。于是，玻姆来到了爱因斯坦的办公室，与他进行了一次终生难忘的谈话。爱因斯坦说自己从未看到量子理论被如此清晰地表述出来，同时，他也表达了对量子理论正统解释的不满。爱因斯坦认为，尽管量子理论取得了惊人的成功，但它仍然是不完备的，人们通过它不能获得对量子过程的更清晰的理解。爱因斯坦的话深深影响了玻姆，并进一步激励他去发现隐藏在量子现象背后的可能的经典世界。不久后，玻姆的思索终于有了结果，他在《物理评论》上连续发表两篇文章，提出了量子力学的隐变量解释。

---

1. 本段内容节选自《量子》，略有改动。

2. 例如，玻姆在这本书的序言中说：“关于一条精确确定的连续轨道的经典概念由于引进一系列单次跃迁的运动描述方式而被根本地改变了。”

场的作用粒子并不走直线，而是沿曲线运动，从而可以产生和量子力学以及实验观测一致的干涉图样。

下面我们看一下玻姆模型中超距作用的具体形式。对于多粒子系统，玻姆的信息场不在真实的三维空间中传播，而是在抽象的多维空间中传播。尽管在此空间中它的演化符合局域性要求，但在真实的三维空间中却不满足此要求，从而允许超距作用的存在。例如，对于两个相互纠缠的粒子，每一个粒子的速度都瞬时地依赖于其他粒子的位置和速度，换言之，一个粒子的位置变化将瞬时地影响另一个粒子的速度。对于 EPR 实验，如果测量一个粒子的位置，那么在整个系统中就引入一个不可控制的涨落，它会通过信息场引起每个粒子动量的相应的不可控制的涨落。类似地，如果测量一个粒子的动量，也会引起另个粒子位置的相应的不可控制的变化。这种以信息场为媒介的涨落传递是瞬时的、超距的。值得指出的是，在玻姆理论中，粒子的性质不只属于粒子本身，它的演化既取决于粒子也取决于测量仪器。因此，关于隐变量的测量结果的统计分布将随实验装置的不同而不同。正是这个整体性特征保证了玻姆的隐变量理论与量子力学（对于测量结果）具有完全相同的预测。[1]

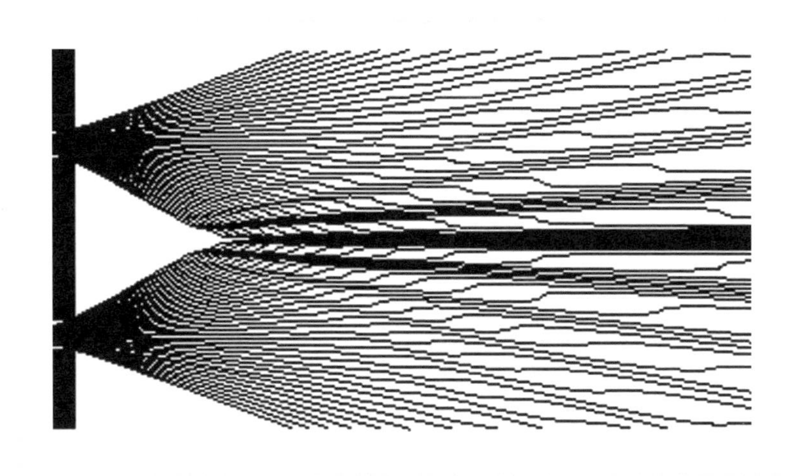

图 2.9　EPR- 玻姆实验

为了进一步理解玻姆模型中的超距作用，我们还是以两个电子的自旋纠缠态为例。我们最

1. 实际上，这种等价性强烈依赖于一个平衡分布假设，而这个假设很难被看作是基本的。一旦通过更自然的动力学过程来进一步解释这个假设，那么玻姆理论和量子力学将具有不同的实验预测。

感兴趣的问题是，在玻姆模型中，超距作用是如何产生出测量结果之间的随机相关性的呢？尽管微观粒子的自旋没有对应的宏观物体的类似性质，从而通常没有直观图像，而只能用数学语言来描述，但是在玻姆理论中，粒子自旋有一个清晰的图像。它类似于普通的旋转，可以用一个矢量来描述，并且仍然是一种连续的性质，而测量结果的分立性是由测量过程产生的。在电子自旋测量过程中，自旋矢量的幅度由 0 连续地变为最大值 1，而其方向指向测量的方向或相反方向，这对应于最后的自旋测量结果。

在玻姆模型中，对于两个电子的自旋纠缠态，每个电子的初始自旋都为零。这与通常的定域实在理论不同，在那里两个电子的自旋一开始就具有相关性，一个为正，另一个为负。当左边电子与测量仪器（如斯特恩－盖拉赫磁铁）相互作用后，它将沿两个分离的轨迹之一向上或向下运动，其自旋相应地由零连续地变为正值或负值。在单次实验中，电子究竟走哪一条轨迹取决于它的初始位置（与另一个电子无关），而这一初始位置是随机的、不可控的。在左边电子与测量仪器相互作用过程中，这一相互作用将通过信息场对右边电子产生瞬时的影响。具体地说，当左边电子开始沿向上的轨迹运动，并开始沿测量方向旋转时（对应于自旋测量结果为 +1），右边电子将同时开始沿相反方向旋转（对应于自旋值 –1）。但是，右边电子在空间中的运动轨迹并不受影响。这样，通过由信息场传递的超距作用，对一个电子的自旋测量将会同时影响另一个电子的自旋，从而两边的自旋测量结果

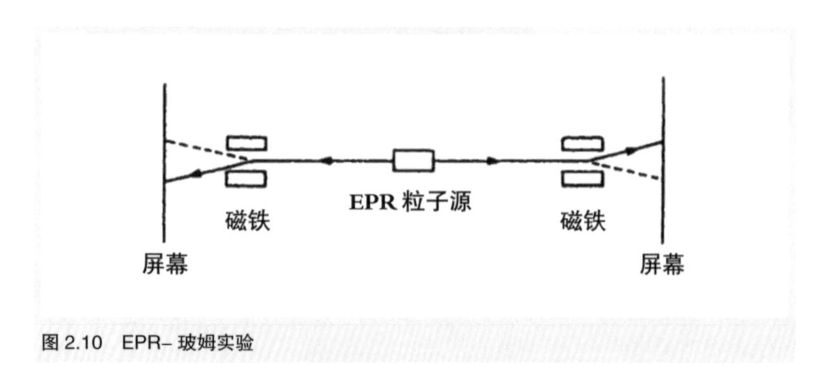

图 2.10　EPR– 玻姆实验

之间可以产生随机相关性。

玻姆终于为粒子找回了熟悉的连续轨迹，那个牛顿世界的主角。但为此付出的代价却是高昂的，那就是粒子必须永远伴随一个幽灵般的信息场。这不是用一种神秘来代替另一种神秘吗？这个场在极其抽象的多维空间中传播，没有能量，也无法直接探测到。然而，它却可以影响并引导粒子的运动，而自己丝毫不受任何反作用，颇有些像亚里士多德的那个上帝：一个不动的推动者（Unmoved Mover）。而微观粒子倒有点像歌德的浮士德：必须接受魔鬼的条件，每时每刻由一个幽灵来操控，才能过上稳定的“幸福”生活。

此外，在这个巧妙构建的经典实在世界中，所有保留下来的经典特征，包括粒子的确定的位置和速度，粒子的实际运动轨迹，等等，都是隐形的，而且还是原则上不可测知的，对它们的测量将总是产生与量子力学相一致的结果。例如，在上面的自旋测量中，尽管理论上电子的初始自旋为零，但实验测量结果却是 +1 或 –1，而不是 0。电子的初始自旋是不可测知的。这真是一个名副其实的可想象但不可见的世界！它又比那个不确定的原子世界好在哪里呢？而且，这个决定论的冰冷世界非常不自然，有太多人为雕琢的痕迹，一点都不美。难怪爱因斯坦也认为，玻姆的理论“太廉价了”[1]。

2.4 失乐园

当人类仰望头顶上的苍穹开始思索这神秘宇宙的时候，他们是多么渴望发现规律和确定性啊！那是征服内心恐惧和开拓未来疆土的利剑。当牛顿在科学的童年时代为这个浩瀚无边的星球世界制定规则的时候，整个世界都为之欢呼。每个星球，无论多么巨大，也无论多么遥不可及，都按照确定的规律在运转。这是一幅多么和谐的世界图景啊！

1. 关于玻姆理论的更多问题，可参考《量子运动与超光速通信》。

然而，即使在牛顿时代，随机性也已经通过光的部分反射现象而初露端倪。一个光粒子为什么有时通过玻璃片，有时又被反射回来呢？这个谜团曾经一直困扰伟大的牛顿。而牛顿发现的引力的超距机制不仅受到同时代人的激烈反对，连他自己也无法相信这种不经由空间、不依赖媒介的超距作用。在一封写给朋友本特利（Richard Bentley）的信中，牛顿说："一个物体可以通过真空超距地作用于另一个物体，而不通过任何其他的东西作为媒介，这种媒介用来在物质之间传递作用和力。这种观点在我看来是如此荒谬，以至于我认为任何一个具有正常思维能力的人都不会相信它。"[1]

爱因斯坦相对论的出现标志了另一个巨大的思想转变。没有什么作用可以比光还快，更为重要的是，任何作用都必须通过空间连续地传递。爱因斯坦是在牛顿的确定性的世界中成长起来的，而他自己又用"一生中最幸福的思想"——广义相对论成功驱除了牛顿引力的超距性质，当然他注定将成为超距作用的最坚定的反对者。尽管爱因斯坦最早注意到微观世界中可能存在超距作用，他却不愿意接受它，并斥之为"幽灵般的超距作用"。然而，任何伟大人物都不得不在经验面前低头。当越来越多的精确实验不断显示超距作用的存在时，九泉之下的爱因斯坦会作何感想呢？作为一个有理性的人，他一定会接受的。

的确，面对神秘的量子纠缠和"幽灵般的超距作用"，人们会感到脚下赖以支撑的经典土地突然间变得摇摆不定。躁动不安的心灵到哪里才能找到慰藉与安宁呢？不必忧伤，也不必气馁，一个崭新的世界即将呈现在我们面前。此时的我们，心中更多的应当充满期待和盼望。当然，前进的道路上不可避免地会布满荆棘和险滩，但顽强的人类从不会服输，他们必将在这片经典废墟上修建起更加辉煌的理性大厦。

今天，爱因斯坦心中的那个确定性的经典世界已经成为一个失乐园。事实上，它更像一个让人流连忘返的历史博物馆，人们

---

1. 牛顿致本特利，1693年2月25日。

可以时常回去转转，去那里感受和体味牛顿时代的激情与梦想。很可能，这对于我们寻找新的实在世界会有所帮助。在那里，不确定性、纠缠和超距将成为主角。

第三章 迷雾重重

Entanglement

离开失乐园，我们已经无法回头；微观世界不可能像宏观世界那样是确定的，因为在确定性的世界中不存在量子纠缠。那么，不确定究竟意味着什么呢？我们说纠缠电子的自旋在测量前是不确定的，这是什么意思呢？难道我们必须熟悉一种新的物理学语言吗？几乎所有人，包括意见完全相左的爱因斯坦和玻尔，都认为确定性的世界是唯一可能的真实世界。那么，我们还有哪条路可以走呢？道路似乎只有一条，那就是：不存在真实的微观世界，那只是一个虚幻的海市蜃楼。这正是爱因斯坦的老对手——玻尔的极其革命性的观点。难道不确定性会将我们逼迫到这样“悲惨”的境地吗？在这个几乎消失的世界中，纠缠和超距又会以怎样虚幻的形式存在呢？

哥本哈根迷雾

哥本哈根是北欧国家丹麦的首都。尽管这个城市并不像伦敦那样多雾，但是由于这里的物理学家玻尔对量子力学的看法，在通往纠缠世界的路上，我们必须通过哥本哈根迷雾。

3.1 追踪纠缠者

电子究竟是什么?

——费曼

我们首先要查明纠缠者的真实身份。微观粒子究竟有什么超能力可以产生最紧密的量子纠缠呢?这件事看起来似乎很简单,但却是世间最难的难事之一。相互纠缠的电子究竟是什么呢?尽管它们被称为微观粒子,但是它们的行为并不完全像我们熟悉的粒子——那种沿连续轨迹运动的更微小的小球。我们知道,小球之间不存在像电子之间那样的神秘纠缠。实际上,电子的行为更加捉摸不定;它有时像粒子,有时又像波。这是怎么回事呢?两条极其狭窄的缝隙也许会告诉我们。

在典型的双缝实验中,单个电子相继从源发出,然后通过两条狭缝到达探测屏。每次我们只能在探测屏的某个地方发现电子,这表明电子是一种局域的粒子存在。然而,当大量具有相同能量的电子到达屏幕后,它们会形成波纹状的双缝干涉图样,正如我们熟悉的声波和水波一样。到达的电子数目很多的地方形成波峰,而几乎没有电子到达的地方形成波谷。这个结果又说明电子并非局域的粒子,而必定具有某种波动性。到目前为止,人们已经完成了很多种微观粒子的双缝实验,如光子、电子、中子,甚至原子和分子等。这说明微观粒子同时具有粒子和波动两种矛盾的特性。物理学家们称之为波粒二象性。但是,这怎么可能呢?

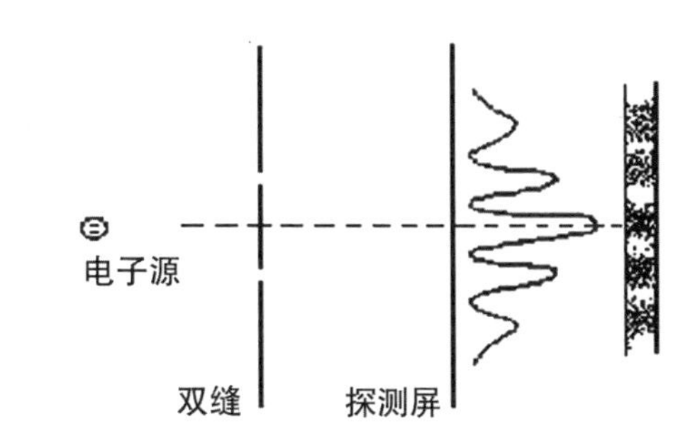

图 3.1 双缝实验示意图

当 1927 年年初玻尔和他的学生海森伯讨论这个问题

经典世界中的粒子和波

我们知道，物质的粒子图像来自于人们对于宏观物体的抽象。我们身边的宏观物体，如滚动的小球、滑落的沙粒等都是粒子的原型。在经典物理学中，粒子有明确的含义，它是物质的质量、能量等在空间中的局部集中。在空间中，粒子有精确的位置，并具有明确的边界与其他客体相隔离。同时，经典物理学还对粒子的运动进行了说明（实际上是假设），即粒子的运动是连续的，在空间中具有连续的轨迹。

物质的波图像同样来自于人们对于宏观现象的抽象，这些现象包括我们看得见的水波和听得见的声波，等等。在经典物理学中，波的定义是振动能量在物质介质中的传播，它最重要的特征是能量在空间中连续分布并可以扩散到更大的空间中。此外，两列波在空间中相遇将发生干涉现象，即在某些地方相互加强，而在另一些地方则相互减弱。最常见的干涉现象是两列水波在水面上所形成的高低起伏的涟漪。

图 3.2　滚动的小球

在经典物理学中，粒子是占据有限小区域的某种东西，而波则是在空间中连续扩展的某种现象。当粒子在某一位置时，它不能同时在另一位置，而波现象则是在一个广延的空间中同时发生。对于一般的物质现象，要么表现为粒子，要么表现为波。由于粒子与波属于不同的物质表现形态，它们之间并不存在直接的矛盾。然而，令人不可思议的是，对于微观粒子这些神秘的纠缠者，既具有粒子表现，又具有波动表现。

图 3.3　水波的干涉

时，他们同样感到困惑不解。海森伯坚持包含非连续性的粒子图像，而玻尔则认为粒子图像和波图像都是必不可少的，并且他想将量子理论的这两根支柱弄得同样牢固。于是，当玻尔独自到古布朗兹大峡谷滑雪时，互补性思想便出现了。

玻尔认为，对微观现象的说明必须利用互补性思想，粒子图像和波动图像是对同一个量子实在的两种互补描述。具体地说，用不同实验装置得到的关于微观客体的资料可以详尽无疑地概括关于微观客体的一切可设想的知识，但是，当企图把这些资料结合成单独一种图像时它们却显得相互矛盾，于是任何一幅单独的实在图景，如粒子或波，都无法提供关于微观现象的详尽说明，而只能用互补的经典图像或概念来提供这种完备的说明。如果单独使用粒子图像或波动图像，它们的应用必将受到限制，这种限制由海森伯所发现的不确定关系所精确表征。

1927 年 9 月，在意大利科摩举行的纪念伏打逝世 100 百周年的国际物理学会议上，玻尔首次公开阐述了他的互补性思想。同年 10 月，在比利时布鲁塞尔召开的第五届索尔维会议上，互补性思想开始被大多数物理学家所赞同和接受。根据艾伦菲斯特的说法："玻尔完全超越了每一个人，他起初根本没有被理解，然后就一步一步地击败了每一个人。"[1]

图 3.4 玻尔发现互补性

那么，微观粒子（如

1. 本段内容节选自《量子》，略有改动。

图 3.5　第五届索尔维会议合影

图 3.6　言必谈测量

电子）究竟是粒子还是波呢？玻尔的回答是：“一个电子是一个粒子还是一列波呢？这个问题在量子力学中是没有意义的。人们应当问：一个电子或其他客体是表现得像一个粒子呢，还是像一列波？这个问题是可以回答的，但只有当你指定用来测量电子的仪器装置时才能回答。”更进一步地，玻尔认为，没有量子世界，而只有一个抽象的量子物理学的描述；物理学的任务不是去发现自然究竟是怎样的，它只关心我们对自然能做何描述[1]。他的学生海森伯后来说得更直白：“下述想法是不可

1. 这是玻尔的学生彼得森（Aage Petersen）在纪念玻尔的讣告中引述他的话。

能的，即认为存在一个客观真实的世界，其最小部分同石头或树一样客观存在，独立于我们是否观测它们。”因此，在玻尔看来，根本不存在纠缠者，更不用说纠缠。不满意是吗？好吧，让我们仔细检查一下玻尔的“言必谈测量”。

3.2 实在通行证

为了进一步了解玻尔的观点，我们看一下他对爱因斯坦 EPR 论文的答复。1935 年 5 月 EPR 论文发表后，玻尔几乎放下手中的所有工作，甚至最后“睡在 EPR 问题上”。几个月后，他终于确信发现了爱因斯坦论证的漏洞，并于同年 10 月在《物理学评论》上发表了与 EPR 论文同名的文章。

爱因斯坦认为，当两个粒子分开后，对粒子 1 的位置或动量测量不会立刻影响粒子 2 的状态。尽管这个假设有相对论的强烈支持，玻尔还是提出了异议。争论的焦点在于对测量的理解。玻尔承认，对粒子 1 的测量不会立刻对粒子 2 产生任何力学干扰。但是，他认为，对粒子 1 的测量还是会对粒子 2 将来行为的预测产生某种影响。这是玻尔一贯的极其晦涩的哲学语言，请仔细体会。具体地说，尽管通过对粒子 1 的位置测量可以精确预测粒子 2 的位置，但是，测量粒子 1 的位置却不允许对粒子 2 的动量做同样精确的预测。类似地，尽管测量粒子 1 的动量可以精确预测粒子 2 的动量，但是，此测量同样不允许对粒子 2 的位置做精确的预测。因此，对粒子 2 将来行为的精确预测依赖于我们测量粒子 1 的

图 3.7 睡在 EPR 问题上

哪个性质，位置还是动量。玻尔所指出的这种影响可以认为是某种信息干扰，即对预测粒子将来行为的信息产生干扰。

然而，在玻尔看来，这种信息干扰并不是物理上真实的超距作用。实际上，玻尔是坚决反对有超距作用存在的，他也从未提到过非定域性之类的东西。在1935年的另一篇文章中，他在讨论电子的双缝实验时说："如果我们只设想下述可能性，即不干扰现象就可以决定电子通过哪个孔，那么我们会真的发现自己处于非理性的境地，因为这将使我们认为，通过这个孔的电子将受到另一个孔开启或关闭情况的影响；但是……这是完全不可理解的。"从这里可以看出，玻尔认为超距作用（如另一个孔对电子的影响）是不可理解的，而这种观点也是非理性的。

一旦不存在物理上真实的超距作用，那么爱因斯坦的整个EPR论证和结论都是没有问题的。那么，玻尔是如何反驳爱因斯坦的呢？实际上，玻尔的论证不能说是反驳，而只能说是反对，换言之，玻尔的反驳并未打中目标，他并未驳倒爱因斯坦的论证。他们的中心分歧点在于，爱因斯坦认为未测量时仍存在粒子的实在状态，而玻尔干脆直接否认这种独立于测量的微观实在的存在性。玻尔坚持认为，一个物理量只有在被测量之后才是实在的，只有进行具体的位置或动量测量之后才能谈论和定义粒子的位置或动量。而由于位置测量和动量测量是互斥的，不可能同时对它们进行测量，所以，玻尔就可以轻易得到结论：粒子的位置和动

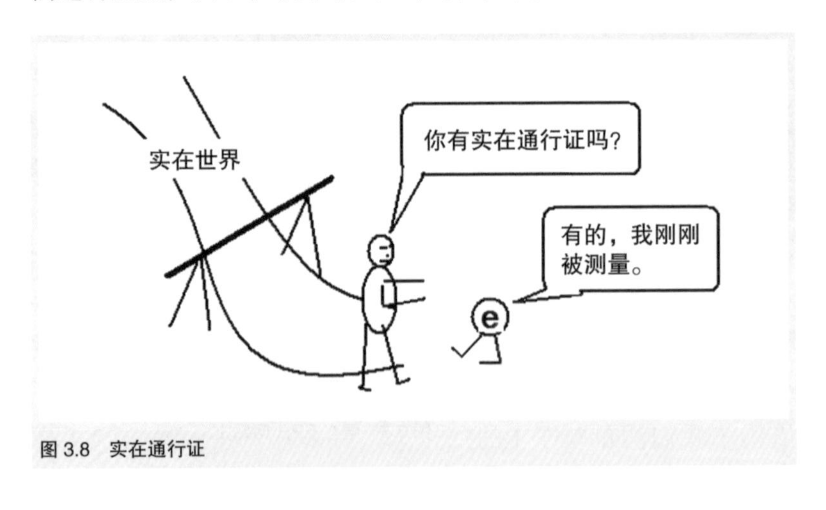

图3.8　实在通行证

量不可能同时具有确定的值。

与爱因斯坦清晰的物理论证相比，玻尔“言必谈测量”的哲学语言晦涩难懂，他的反对也因此显得苍白无力，而这根本无法让爱因斯坦信服。玻尔所宣扬的“一个物理量只有当它被测量之后才是实在的”观点，爱因斯坦无论如何也不能同意。认为宏观世界是确定的、真实的，但却不赋予微观世界以实在性，世界因此失去了统一性。别忘了，宏观物体都由微观粒子组成！那么，非真实的微观世界如何能组合而产生实在的宏观世界呢？由虚幻的砖块能建成真实的大厦吗？玻尔没有给出说明。归根结底，他没有解释测量过程。此外，玻尔的观点使人们过早放弃了对微观实在的进一步探求，而这种影响是极其负面的。正如玻姆在1957年关于EPR实验的文章中说：“对玻尔来说，**双原子与仪器**的整个系统是不可分离的和不可分析的，因此，关联如何产生的问题根本就没有意义。”

尽管玻尔拒绝对现象背后的实际过程做出说明，但是，在某些方面我们或许会对玻尔的观点表示同情。毕竟，无法探测到的东西怎么知道是什么样的呢？甚至假设它们的存在性都可能有问题。好吧，让我们再通过双缝实验来进一步检验这种观点。

实证论

依玻尔的要求，即物理性质只有在被测量之后才是可定义的，是典型的实证论信条。这个要求并没有逻辑必然性，而实证论本身在哲学上就是不一致的，并且随着20世纪中期维也纳学派的衰落早已不再流行。我们不可能只依据测量或感觉经验来构建关于世界的理论，而必须部分基于先验的假设，如爱因斯坦关于实在性的假设。如果只利用感觉经验来构建理论，我们会寸步难行。最典型的例子是，整个外部世界的实在性都是无法检验的，而只能假设其存在。这是笛卡尔著名的魔鬼论证的一个结果。实际上，根本就没有纯粹的测量或感觉经验，对它们的说明都必然涉及诸多隐含假设。

3.3 玻尔之踵[1]

首先，我们看一看利用熟悉的连续运动图像是否可以解释粒子通过双缝所形成的干涉图样。根据粒子的连续运动图像，在双缝实验中粒子每次只能穿过两条狭缝中的一条，并且不受另一条狭缝的影响。于是很显然，双缝干涉图样应该和分别打开每条缝时所产生的单缝衍射图样的混合图样一致，因为双缝实验中每次单个粒子通过的情形将同样出现在单缝实验中。例如，双缝实验中单个粒子通过上缝的情形会出现在只打开上缝的单缝实验中。但是，至今关于微观粒子的双缝实验都否定了这个结论，这两种情况下所产生的图样并不一样。这就是利用连续运动来理解双缝实验所导致的困惑。实际上，我们可以从下述事实更明显地看出困惑所在：当两条缝中的一条关闭时，粒子可以到达屏上的某些位置，如双缝图样中的波谷位置；但是当这条缝打开后，它将阻止粒子到达这些位置（在双缝实验中几乎没有粒子到达屏上的波谷位置）。

然而，好奇的人们总是禁不住要问："但是，未测量时粒子究竟是怎样通过双缝的呢？"物理学家费曼曾经认真地告诫他的听众要抑制这种好奇心。他说道："不要把我的讲演看得太认真……只是放松一下去欣赏它。我将告诉你们自然是怎样运转的。如果你愿意只是承认它可能是这样运转的，那么你会发现它是令人着迷的。不要总是不停地追问'但是它怎么会是那样？'因为你将撞进一个死胡同，没有人从那里出来过。没有人知道

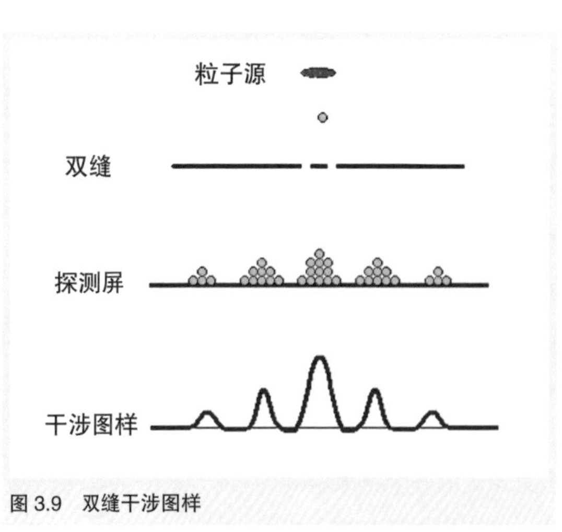

图 3.9 双缝干涉图样

1. 本节主要内容节选自《量子运动与超光速通信》，略有改动。

它怎么会是那样。”如果只存在粒子而没有其他东西，例如玻姆所假设的信息场，那么我们没有出路，只有放弃粒子的连续运动图像。这也是玻尔的选择，然而，玻尔不仅放弃了粒子的连续运动图像，同时也放弃了所有可能的粒子运动图像，并论证这种放弃是逻辑的必然。那么，玻尔是如何做到的呢？

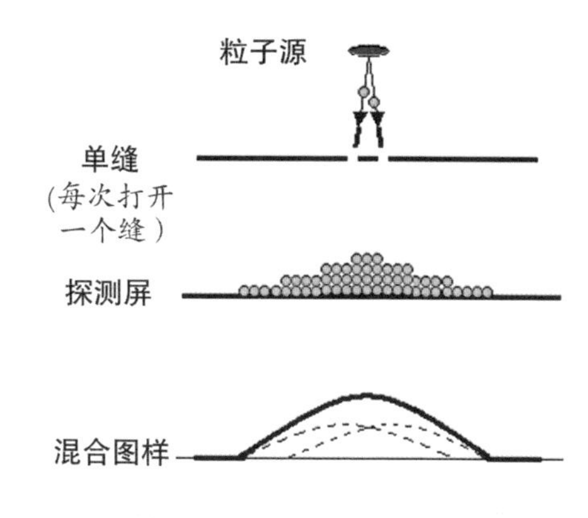

图 3.10 两个单缝图样的混合

玻尔的论证很简单，根本上还是要求出示“实在通行证”。如果想知道粒子如何通过双缝形成双缝干涉图样，你就必须利用位置测量直接观察粒子究竟通过哪条狭缝，而根据量子力学，这一位置测量将破坏掉双缝干涉图样（实验结果也证实了这个结论），因此在双缝干涉图样不被破坏的前提下，我们无法测定粒子究竟通过哪条狭缝，从而也就无法知道粒子如何通过双缝形成干涉图样。那么，如何从“不知道”过渡到“不存在”呢？这里玻尔没有给出证明，而只是坚持认为，当谈论粒子的某种性质时，必须测量这种性质；而对于无法测量到的性质，谈论它就是没有意义的，实际上这种性质也不存在。于是，玻尔认为，由于无法测量到粒子通过双缝的运动图像，这种运动图像是不存在的。

玻尔的论证看似天衣无缝，的确，它几乎欺瞒了 20 世纪的所有伟大人物，包括爱因斯坦。然而，上述证明中却存在两个致命的缺陷，我们称之为玻尔之踵。其一是玻尔隐含地假定了连续运动是唯一可以存在的客观运动形式，但并未给出充分的证明或说明。如果连续运动是唯一可能的粒子运动图像，而鉴于双缝实验的结果我们又不得不放弃连续运动图像，那么玻尔的结论就是对的，即粒子的运动图像是不存在的。值得指出的是，这一隐含

阿喀琉斯的脚后跟

阿喀琉斯是古希腊神话中的一位伟大的英雄。在他小的时候，他的母亲，海神特提斯，曾把他浸在神奇的冥河里使其能刀枪不入。由于冥河水流湍急，母亲捏着他的脚后跟不敢松手，所以脚踵成了他最脆弱的地方，一个致命之处。后来，在著名的特洛伊之战中，阿喀琉斯凭借超乎常人的神力和刀枪不入的身体取得了赫赫战功。但太阳神阿波罗发现了阿喀琉斯的这个唯一弱点，悄悄用箭射中了阿喀琉斯的脚后跟，结束了这位英雄的传奇一生。

的假设似乎从没有人认真怀疑过，甚至可以说，从没有人指出它是一个假设，因为几乎所有人，包括爱因斯坦和玻尔，都如此深信它，并认为它的正确性是显然的。的确，导致人们深信上述假设的原因有很多，其中来自经验和历史的原因可能起了决定性的作用。但是，人们很少去考虑这一假设自身的合理性，也从没认真想过还存在其他可能的、甚至是更为基本的运动形式，即使他们面对量子力学不得不抛弃连续运动时也依然如此。人们为什么如此笃信呢？一个有趣的原因可能是，在量子力学出现以前，人们没有必要怀疑这一假设，而在量子力学出现以后，玻尔的正统解释又禁止人们去怀疑这一假设。

玻尔论证中的第二个缺陷是一个技术性缺陷，即在测量上只考虑（利用位置测量）去观察粒子究竟通过哪条狭缝。这一缺陷实际上由第一个缺陷所导致，因为玻尔在对双缝实验进行测量意义上的解释时，仍假设客观运动形式，如果存在，只能是连续运动。因此，他只考察了利用位置测量去观察粒子究竟通过哪条狭缝，而丝毫没有想过粒子的客观运动形式可以是不同于连续运动的其他形式，从而可以以某种方式“同时”通过两条狭缝，而测量也必须设计得可以适应这种运动形式。于是，玻尔始终执拗地在某条缝处进行位置测量，殊不知这正中了量子力学的计谋，并成功地隐藏起微观实在的真实面目。根据量子力学，这种测量将破坏粒子的实际运动状态，并导致粒子运动集中到单条缝处（即发生波函数坍缩[1]），从而不仅破坏了双缝干涉图样，同时也无法使我们看到粒子真实的客观运动形式。一旦意识到玻尔的这个技术性缺陷，我们就可以尝试采用新的测量方式，它可以对付粒子以某种方式“同时”通过两条狭缝的可能情况，从而帮助我们窥见微观实在的真实面目。我们将在第六章介绍这种新的测量方式。

最后，我们再检查一下粒子同时通过双缝的可能性。实际上，关于“同时”的偏见也一直在阻止人们去发现粒子通过双缝的客观运动图像。人们普遍认为，由于不存在半个粒子这样的东西，粒子在通过双缝的过程中是不可能一分为二地同时通过两条缝的[2]；而由于粒子也无法于同一时刻处于两个不同的空间位置，如两条狭缝中，所以粒子无论如何也不可能同时通过双缝。然而，这只是关于“同时”的一种狭隘理解。在双缝实验中，由于两条狭缝的缝长都是有限的，粒子通过双缝是需要有限时间的，而不是瞬时的零。因此，“同时”应包括无穷小时隙和极短的有限时隙，而不只是同一时刻。尽管从表面上看，当论及时间长度时它们是可以等同的，但从粒子运动的角度来看它们则有本质的区别。具体地说，同一时刻只能容纳粒子自身的存在，无法包含运动的成分，而无穷小时隙和极短的有限时隙则包含了不可数无穷多的时刻点，这足以引出像运动这么丰富的内容，从而它们可以包含粒子和运动双方并使之作为粒子运动的整体而存在。应当指出，能量的定域传播观念可能也阻碍了人们提出这种关于“同时”的新理解，但实际上，对于粒子于极短的有限时隙内“同时”通过双缝的可能的新运动，正如从经典力学过渡到量子力学，不仅能量的含义需要重新解释，而且能量的定域传播规律也可能要重新认识。

无论如何，只要我们发现不同于连续运动的新的运动图像，那么玻尔的“坚持认为”将不攻自破，而我们也会为微观世界重

1. 我们将在下一章详细讨论这一波函数坍缩过程。
2. 英国物理学家狄拉克曾说过，粒子只和它自己干涉。

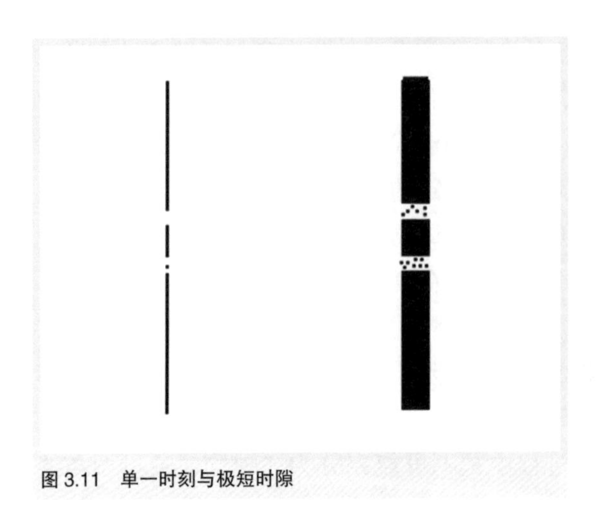
图 3.11　单一时刻与极短时隙

新找回爱因斯坦期待已久的实在性。记得他曾像孩童般天真地企盼：“新思想要到什么时候才会出现呢？谁要是能活到那个时候并且能够看到这一点，那该是多么幸福啊。”只有到那个时候，神秘的纠缠者才会最终现身。然而，通往真实世界的道路不可能是一帆风顺的。我们必须沿着极其危险的坍缩之路前进，并且还要穿过一片令人迷幻的多世界丛林。

第四章 坍缩之路

Entanglement

看来，不仅连续运动的经典图像无法解释神秘的量子纠缠现象，而且利用经典语言（如波、粒子）的互补组合也无法准确描述不确定的纠缠者。幸运的是，物理学家已经发现了纠缠者的精确数学描述，并且有了一个极其成功的描述纠缠现象的量子理论。从本章开始，我们将彻底远离爱因斯坦的经典失乐园和玻尔的互补性泥潭，而真正进入一个全新的量子纠缠世界。尽管自然决不会轻易显露量子纠缠的秘密，但无疑我们已经找到了一条正确的道路。“路漫漫其修远兮，吾将上下而求索。”这不正是科学探索的魅力和乐趣所在吗？

4.1 不确定的世界

1925 年的圣诞假期，薛定谔和他的女友一起到瑞士阿尔卑斯山麓的滑雪胜地阿罗萨（Arosa）去度假。在此期间，他不仅找到了纠缠者的精确数学描述，而且还猜测到了它的演化方程，那个著名的薛定谔方程，就此建立了量子力学的一种形式——波动力学。在科学史上，这可以说是理智与情感相结合的最大硕果。

我们知道，在牛顿的经典世界中，粒子具有确定的性质。例如，进行连续运动的粒子每个时刻都具有确定的位置。因此，对经典粒子的位置状态的描述用一个数即可，而随时间变化的位置函数就可以完全描述粒子的运动轨迹了。然而，在真实的世界中，对于电子这样的微观粒子，它们一般不具有确定的性质。所以，单一的位置值无法完全描述它们的状态。例如，电子在通过双缝时，其位置是不确定的，并不在某个确定的缝中，而是在两条缝中都有分布。于是，我们需要一个新的位置分布函数来描述微观粒子这些不确定的纠缠者。

这个函数的精致形式由薛定谔最早发现，他称之为波函数，并用希腊字母表的第 23 个字母 Ψ（汉语音译为普西）来表示。更为幸运的是，薛定谔还猜测到了这个波函数的演化方程，后来被命名为薛定谔方程。利用这一波动方程计算出的氢原子能级与实验结果非常吻合。爱因斯坦曾去信称赞道："你的方程出自真正的天才。"这个波函数的确有些类似描述经典波动的波函数，也有幅度和相位，并且由于薛定谔方程是线性的，满足演化方程的波函数也具有波的叠加性质。难怪薛定谔给它命名为波函数。

然而，由于波函数一般是位置与时间的复数函数，它并不能直接表示粒子在某个时刻的位置分布。这个问题很快由德国物理学家玻恩在一篇简短文章的脚注中解决了。那就是，波函数幅度的平方代表粒子的位置分布密度。但是，玻恩所说的这个密度并不是粒子实际位置的某种不确定分布的密度，而是粒子在各个位置被测量到的概率密度。于是，在玻恩看来，波函数并不描述粒子的某种客观的不确定分布状态，而只是描述了粒子的测量结果的某种概率分布性质。这个解释被称为波函数的概率波解释。

图 4.1　薛定谔的波函数

可以看出，玻恩的解释似乎使一切又回到了玻尔的“言必谈测量”。的确，玻恩正是这个哥本哈根阵营中的重要一员（尽管他当时在哥廷根），而他的概率波解释也是哥本哈根解释的重要组成部分。正如我们在上一章已经看到的，这种解释不可能是最终解释。最明显的问题是，它没有描述测量过程。很快，这个问题由后来成为计算机之父的匈牙利数学家冯·诺伊曼所严格表述出来。

图 4.2 玻恩和概率波

波函数的叠加性

我们以双缝实验为例对波函数的叠加性进行说明。在双缝实验中，描述粒子运动的波函数同时通过了两条缝。具体地说，通过双缝后的波函数是通过上缝的波函数与通过下缝的波函数之和。这一简单的相加表述就描述出了粒子状态的不确定性，粒子的位置并不是确定地在某个缝中，而是在每个缝中都有分布。此外，这一表述也清晰地显示了波函数的叠加性。根据玻恩的概率规则，在屏幕上测量到的粒子密度分布将是通过双缝到达屏幕的波函数的幅度平方。这一密度分布对应于观察到的双缝干涉图样。当单独打开上缝时，在屏幕上测量到的粒子密度分布将只是通过上缝到达屏幕的波函数的幅度平方；同样，当单独打开下缝时，在屏幕上测量到的粒子密度分布将只是通过下缝到达屏幕的波函数的幅度平方。于是，两个单缝图样的直接混合图样所对应的密度分布是这两个波函数的幅度平方之和。很明显，上述两种情况的密度分布并不相同，因此，双缝干涉图样并不同于两个单缝图样的直接混合。这个结果清楚地显示了波函数的叠加特性，形象地说，通过双缝的两个波函数之间发生了叠加干涉。

4.2 测量问题

似乎量子理论只考虑“测量结果”，而没有说其他任何事情。到底是什么使一些物理系统起到“测量者”的作用？世界的波函数是要等几十亿年直到一个单细胞生物出现才坍缩吗？还是要等更长一段时间，直到一个更合格的系统，如一个博士的出现？

——贝尔，《反对“测量”》（1990）

1932年，冯·诺伊曼写了一本著名的量子力学教科书，名为《量子力学的数学基础》（德文版）。在这本书中，他给出了量子力学的严格的公理化表述，这一表述成为后来人们研究量子力学基本问题的重要基础。

图 4.3　冯·诺伊曼和他的书

冯·诺伊曼认为，量子理论是普遍有效的，它不仅适合于微观粒子，也适合于测量仪器。于是，他最早用波函数来描述测量仪器，从而使对测量过程的分析成为可能。而且，在冯·诺伊曼的表述中，波函数也恢复了某种客观性，既作为对粒子状态的某种描述，而不是对测量结果的描述。最重要的是，冯·诺伊曼还第一次清晰地提出了波函数的两种演化过程：一种过程就是波函数正常的连续演化过程，遵循薛定谔方程。它产生波粒二象性中的微观粒子似波的表现，可以说是不确定本身的演化过程；另一种过程则是瞬时的、非连续的波函数坍缩过程，只在波函数被测量时发生。它产生波粒二象性中的微观粒子似粒子的表现，是从不确定到确定的转化过程。但这一过程的机制并不清楚，故后来被称为波函数坍缩假设。我们将看到，第一种过程可以建立量子纠缠，而第二种过程则可以解开量子纠缠。

下面我们以电子自旋为例对冯·诺伊曼的表述进行说明。值得指出的是，尽管这一表述并不完善，但目前仍是物理学家应用量子力学进行实验和计算的基础。这里我们采用狄拉克发明的更简洁的符号描述。假设一个电子沿 z 方向的自旋状态为叠加态 $|\uparrow_z\rangle+|\downarrow_z\rangle$。它表示电子沿 z 方向的自旋是不确定的，并且处于向上和向下的可能性是相同的。当这个电子没有被测量时，它的演化遵循连续的薛定谔方程。现在用一个自旋测量仪器（如斯特恩－格拉赫磁铁）对电子进行测量，设测量仪器的初始状态为 $|0\rangle$。根据冯·诺伊曼的表述，整个系统的演化仍然满足薛定谔

波函数坍缩浮出水面

早在 1927 年 10 月的第五届索尔维会议上，波函数坍缩问题就已经引起了量子力学创立者们的注意。下面是在这次会议上的一段讨论摘录：

狄拉克：“自然将随意选择它喜欢的一个分支，因为量子力学理论给出的唯一信息只是选择任一分支的概率。”

玻尔：“完全理解……整个问题就在于，通过实验，我们引入了某种不允许继续进行的东西。”

海森伯：“我不同意这一点……我宁愿说，观察者本人进行选择，因为直到做出了观察的那一时刻，选择才成为一种物理实在。”

狄拉克认为，波函数坍缩是自然做出的选择，而海森伯则认为它是观察者选择的结果。玻尔基本同意狄拉克的观点。他后来（1931 年）写道：“我们在量子理论中力图表达一些自然规律，它们太深奥了，以至无法直观化了，或者说无法用那种借助于运动的普通描述来加以说明了。这种事态带来了一个事实，即我们必须在很大程度上使用统计方法并谈论自然在一些可能性中间进行选择。”然而，与会的物理学家们对波函数坍缩过程的认识还很模糊，他们普遍认为这个过程只是一种瞬时的选择过程，不需要进一步的物理说明。正如海森伯和玻恩当众所宣布的：“我们认为量子力学是一个完备的理论，它的基本的物理和数学假设不再允许修正。”后来的研究表明，正是由于对波函数坍缩过程描述的缺失，量子力学仍然是一个不完备的理论。

方程。于是，当测量仪器与被测电子发生相互作用后，测量仪器与被测电子的状态将发生量子纠缠。其过程可描述如下：

$$(|\uparrow_z>+|\downarrow_z>)\ |0>\rightarrow|\uparrow_z>|+1>+|\downarrow_z>|-1>$$

测量仪器的状态 $|+1>$ 表示测量出电子沿 z 方向的自旋向上，自旋值为 +1，而状态 $|-1>$ 表示测量出电子沿 z 方向的自旋向下，自旋值为 –1。这样，连续的薛定谔演化就在测量仪器与被测电子之间建立起了最紧密的量子纠缠，而方程右边的状态就是典型的量子纠缠态。[1]

可以看出，由于测量仪器的状态演化同样满足线性的薛定谔方程，当测量过程结束后，测量仪器并没有获得确定的测量结果（+1 或 –1），相反，它的状态也成为不确定的了。这里，冯·诺伊曼的表述引出了量子力学基础研究中最重要的一个问题，那就是量子测量问题。我们知道，只有获得确定性的结果才能称之为测量；最终的测量结果必定是确定的。问题在于：谁有资格成为测量者？如果普通的测量仪器就有资格，那么上述测量仪器与

量子测量问题

测量究竟是在什么时候发生的呢？所有解释都无法逃避这一问题。它是在粒子通过双缝时就发生了呢？还是在粒子于屏幕上打出一个亮点时发生的呢？抑或是直到观察者意识到亮点的存在时才发生呢？实验物理学家们几乎每天都在测量，但是，遗憾的是，他们至今也没搞清楚什么是测量。要知道，它已难倒了 20 世纪的所有伟大人物。

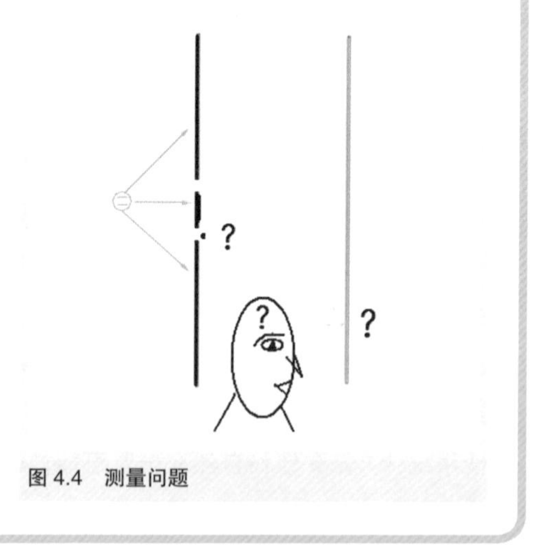

图 4.4　测量问题

1. 今天，量子纠缠态的存在已经得到了实验的严格证实，而且人们还发明了很多有效的方法来产生量子纠缠态。例如，利用自发参数下转换（SPDC）方法可以很容易地产生光子纠缠态。

被测电子的叠加态将发生波函数坍缩，其过程可描述为：

$$|\uparrow_z\rangle|+1\rangle+|\downarrow_z\rangle|-1\rangle\rightarrow|\uparrow_z\rangle|+1\rangle \text{ 或 } |\downarrow_z\rangle|-1\rangle$$

这样，最终的测量结果是确定的，测量仪器要么测量出电子沿 z 方向的自旋值为 +1（对应于测量仪器的状态为 $|+1\rangle$），要么测量出电子沿 z 方向的自旋值为 –1（对应于测量仪器的状态为 $|-1\rangle$）；相应地，电子沿 z 方向的自旋状态也成为确定的，要么向上要么向下。而波函数坍缩的结果是完全随机的，各个结果出现的概率正比于其波函数分支的幅度的平方。对于上述过程，测量结果为 +1 或 –1 的概率相同，都为 1/2。可以看出，这个波函数坍缩过程神奇地解开了测量仪器和被测电子之间的量子纠缠。

在他的书中，冯·诺伊曼进一步讨论了导致波函数坍缩的可能原因，并猜测只有意识才能完成坍缩波函数的艰巨任务。冯·诺伊曼认为，测量仪器与微观粒子一样，也应当满足连续的薛定谔方程（毕竟测量仪器就是由微观粒子组成的），从而它的波函数同样需要其他有资格的“测量者”来坍缩。而由于人类观察者所意识到的结果总是确定的这一事实，所以只有意识才能最终坍缩波函数而产生确定的结果。然而，更多的物理学家并不相信波函数有足够的耐心，要等到人类的出现才发生坍缩，他们试图沿其他方向去探寻波函数坍缩的起源。

那么，波函数是否真的会坍缩呢？如果坍缩，究竟是什么引起坍缩的呢？波函数又是如何坍缩的呢？看来，为了了解神秘的纠缠世界，我们必须要经过最危险的坍缩之路。

4.3 薛定谔猫的命运

波函数坍缩问题同样让波函数的发现者——薛定谔十分头疼。1935 年，他用一只可怜的猫将这一问题更形象化地表述出来，使它引起了物理学家们更广泛的关注。

薛定谔设想了一个关于辐射原子和猫相互作用的理想实验。一只猫被关在一金属盒内，盒中放置下述非常残忍的装置（必须保证此装置不受猫的直接干扰）：一小块辐射物质放在盖革计

图 4.5 薛定谔猫

数器中，它非常小，在一个小时内可能有一个原子发生衰变，或者没有原子发生衰变，它们发生的概率相同。如果发生衰变，计数管便放电并通过继电器释放一个重锤，进而击碎一个盛有剧毒氢氰酸的小瓶。如果人们将整个系统放置一个小时，那么人们会说，如果在此期间没有原子衰变，这只猫就是活的，而第一次原子衰变后它必定被毒死。

面对如此危险的情况，薛定谔猫的命运究竟会怎样呢？它会不会很快就被毒死，还是会一直安然无恙呢？根据我们的日常经验，盒中的猫要么活着，要么死了，两者必居其一；而根据量子力学的薛定谔方程，盒内整个系统将处于两种状态的叠加态中，在一种状态中猫是活的，在另一种状态中猫是死的，或者说，盒中的猫将处于奇怪的活与死的叠加态中。看来，不确定性并不愿意老实地待在微观世界中，它似乎会侵入宏观世界中来。[1] 显然，

1. 与 EPR 论证相比，这对玻尔的打击是致命性的。原因在于，如果宏观世界不可能是完全确定的，那么玻尔观点的前提（即假设宏观世界是确定的）就有问题了。

量子力学的这个预测与我们的宏观经验是矛盾的！在上述思想实验中，薛定谔将这一矛盾以佯谬的形式清晰地揭示出来。实际上，它所涉及的就是最令人头痛的量子测量问题。

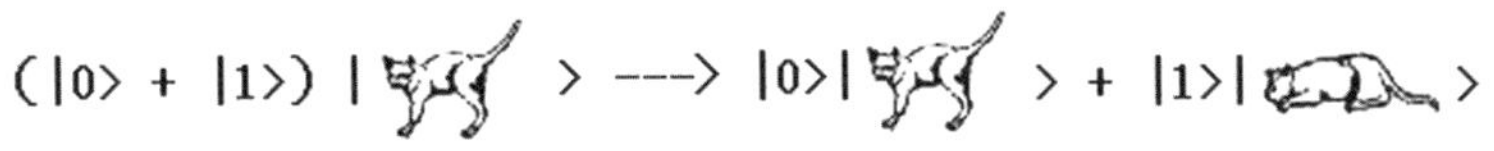

$$(|0\rangle + |1\rangle)\,|\quad\rangle \dashrightarrow |0\rangle|\quad\rangle + |1\rangle|\quad\rangle$$

图 4.6 薛定谔猫的诞生

可以看出，薛定谔猫实验与双缝实验的佯谬性质不同。双缝实验涉及量子运动的微观表现，它的佯谬来源于人们熟悉的经典观念不再适用于微观世界。这导致人们必须放弃熟悉但并不真实的经典观念，而经典力学也因此无法为微观世界，进而为整个世界提供一种真实的描述。这一事实人们在量子力学创立之前就已经认识到了；而薛定谔猫佯谬则涉及量子运动的宏观表现，它的佯谬来源于量子力学的规律无法解释宏观世界的存在。这说明量子力学同样不是一个完备的理论，它仍无法为微观世界和宏观世界提供一致的统一描述。

薛定谔猫佯谬更令人信服地说明了量子力学的不完备状态，这正是爱因斯坦在 EPR 论文中欲达到的目的。爱因斯坦的论证集中于波函数描述本身的不完备性，而薛定谔的论证则集中于波函数演化过程的不完备性。薛定谔并不试图假设隐变量的存在而使猫的状态唯一地确定，而是通过指出对波函数坍缩过程必须给以物理的描述和说明来完善量子力学。这种不完备性并不是哲学上的虚幻，而是真实的物理存在。

4.4 多世界丛林

由于波函数坍缩之路异常艰险，并且坍缩过程本身还有很多“讨厌”的奇异性质，如瞬时性和非连续性等，一些物理学家便选择捷径而进入令人迷幻的多世界丛林。那里没有恼人的波函数

图 4.7　艾弗雷特三世

坍缩，并且似乎可以重新恢复人们珍爱的定域性和因果性。很多极其聪明的人至今仍在这丛林中探险，他们为其数学的简单性和优美性所吸引，一些人甚至坚定地认为那就是真实的实在世界。

如果波函数不发生坍缩，那么对不确定的电子自旋的测量结果怎么会是确定的呢？而薛定谔猫又如何摆脱半死不活的状态呢？1957年，普林斯顿大学的研究生艾弗雷特三世（Hugh Everett Ⅲ）竟然真的提出一种可能的解决办法，他称之为量子力学的相对态表述。艾弗雷特意识到，可能的出路在于对观察者感知状态的重新分析。在测量过程中，测量仪器与被测系统的状态之间发生关联，进一步地，当观察者对测量仪器进行读数时，他的状态也与测量仪器，进而与被测系统的状态关联起来。于是，这三者形成了一个复合系统的整体，而根据薛定谔方程，被测系统的不确定性将传递给整个复合系统，即它也处于叠加态。那么，在每个叠加分支中，观察者的感知状态如何呢？艾弗雷特认为，由于在复合系统的叠加态中，每一个分支都包含一个确定的观察者态、一个具有确定读数的测量仪器态，以及一

玻尔选择了沉默

玻尔的观点已经很革命了，但他仍然坚持宏观世界的确定性。毕竟，这是我们最真切的感觉经验。还有更具革命性的理论吗？竟然还有！当新的革新者去将他的观点讲给玻尔听时，即使玻尔也选择了沉默。这个新的想法就是，宏观世界与微观世界一样是不确定的，存在无限多个世界。这正好与爱因斯坦的观点完全相反。这种新观点也可以提供一幅统一的世界图景，但它是真实世界的写照吗？

个确定的被测系统态，因此，叠加态中的每个分支都描述一个感知到确定结果的观察者，对于这个观察者被测系统的状态似乎已经被转换成对应的坍缩态。于是，对于每个由叠加态中的一个分支所描述的观察者来说，波函数坍缩似乎已经在主观水平上发生，而他只感知到一个确定的结果。

但是，如果只有一个世界，而其中也只有一个观察者，那么艾弗雷特的论证是不成立的；在上述叠加态中，观察者的感知状态仍将是不确定的。美国物理学家狄维特注意到这个问题，并和他的学生格拉汉姆给出了更为清晰的表述。他们认为，在测量过程中，由初始波函数描述的世界分裂为许多个相互不可观察但同样真实的世界分支，它们中的每一个都对应于整个系统叠加态中的一个确定的成员态。于是，在每个单独的世界分支中，一次测量只产生一个确定的结果，虽然各个世界分支中的结果并不相同。这样，艾弗雷特的相对态表述便以多世界解释的新名称开始广为人知。

然而，多世界理论并不像它看起来那样简单和完美。实际上，进一步的研究已经显示，这个理论存在诸多严重的问题，不仅有哲学上的，也有物理和数学上的困难。其中最明显的问题就是概率解释问题，即关于确定性测量结果的概率解释如何来源于一个决定论的波函数演化，这个波函数包容了对应于所有可能测量结果的状态。如果所有可能的结果都已经发生，那么结果出现的概率有什么意义呢？根据概率的标准定义，所有结果出现的概率都为 1。更为棘手的是，多世界理论还必须进一步解释量子力学中的玻恩概率规则，即测量结果出现的概率为相应波函数分支的幅度的平方。为此，它必须增加更多新的假设，问题在于这些假设似乎并不基

图 4.8　禁止测量，避免分裂

本，也不自然。看来，为了与经验相一致，多世界理论不得不变得越来越复杂，而这完全偏离了艾弗雷特创立它的初衷。

此外，为了解决多世界理论所存在的问题，新的理论变种或分歧也在不断出现，但还没有一种完全令人满意。多世界理论的根本问题仍然在于它对于究竟什么是一次测量说不清楚。它认为当发生一次测量时，宇宙就分裂一次，但是如果不能精确定义和描述测量，这一理论仍然是没有意义的。这里，宇宙分裂正类似于它试图取代的波函数坍缩！为此，人们提出各种方法来完善多世界理论，如退相干历史方法、一致历史方法等，但这些努力的最终结果仍然是不能令人满意的，它们所完成的只是贝尔意义上的 FAPP（为了一切实用的目的）。原因在于，物理上没有一个确定的退相干标准。究竟退相干到什么程度才算分裂呢？看来，退相干理论只能减缓多世界解释的暂时伤痛，并不能从根本上治愈它的测量顽疾。说到底，人们最终仍然逃不过去描述测量过程，即描述从量子到经典的转变过程。

实际上，宇宙分裂表述还有一个更严重的问题，那就是它根本无法满足量子力学的玻恩概率规则。例如，对波函数幅度不同的两分支叠加态的测量，它预言宇宙将分裂成两个拷贝，在每个拷贝中有一个测量结果，于是两个测量结果出现的概率将是相同的，而根据玻恩概率规则，它们应当等于相应分支的波函数幅度的平方，从而是不同的。因此，宇宙分裂表述不仅违背量子力学的预言，也无法说明实验结果。简言之，它实际上是一个错误的理论。[1]

1985 年，为消除宇宙分裂所引出的棘手的测量问题和概率解释问题，英国物理学家德义奇提出多世界理论的另一个变种——世界差别表述。德义奇用无限多个数目不变的世界出现差别来取代宇宙分裂过程。这似乎可以避开测量问题，并且可以满足玻恩概率规则，但仍不能从根本上解决概率解释问题。此外，

---

1. 遗憾的是，很多科普书还在宣传这种明显错误的解释，并把它作为正版的多世界理论。

勇敢者的游戏[1]

为了证实多世界理论的正确性，一位勇敢的多世界信徒亲自进行了一个被称为量子自杀的实验。实验的主要仪器是一台量子枪，它的扳机由处于量子叠加态，如自旋叠加态 |上>+|下> 的粒子的测量结果控制。如果测量结果是自旋向上，则枪射出一颗子弹，如果测量结果是自旋向下，则子弹不被射出，而只是发出一声“咔嚓”声。现在，勇敢的实验者将量子枪对准自己。

根据多世界解释，在一次实验之后，世界将分裂成两个，其中一个分支中实验者仍然活着，而另一个分支中实验者已经死亡。然后，在实验者仍然活着的世界分支中，这个实验者继续进行实验，之后，这个世界分支又将分裂成两个，其中一个分支中实验者仍然活着，而另一个分支中实验者已经死亡。实验可以依此不断进行下去，很明显，总存在一个世界分支，在其中实验者仍然活着，并且他可以听到扣动扳机的接连不断的“咔嚓”声。于是，这个实验者将确信多世界解释是正确的，而其他解释都是错误的[2]。

当然，在最后的量子叠加态中，实验者于其中存活的那个世界分支（在这一分支中，实验者周围的情况与其他分支相同）只占很小的一部分，例如，如果进行了 n 次实验，这个分支所占的比例就只为 $1/2^n$。于是，具有讽刺意味的是，在我们所在的更可能的世界分支中（在这个分支中你读到了上述这些文字），勇敢的实验者已经死去，他因此也就无法将他的发现告诉我们。

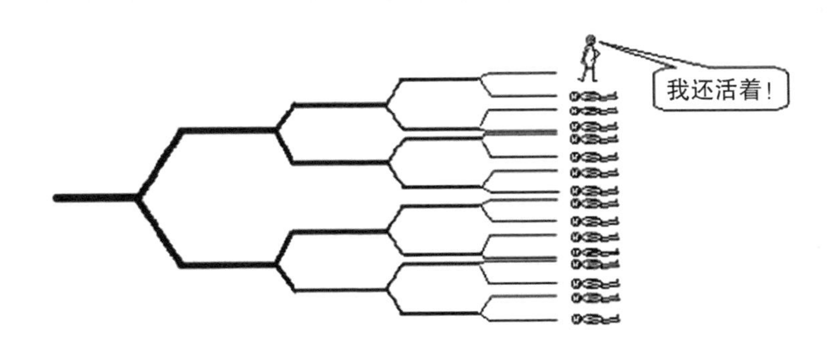

图 4.9 勇敢者的游戏

1. 本段内容节选自《量子》，略有改动。
2. 有趣的是，多世界理论的提出者艾弗雷特坚信他的理论会保证他的永生。

图4.10　德义奇

这一表述还产生了更加难以解释的世界同步问题。无限多个相互分离的不同世界如何能达到精确的同步呢？当一个电子通过双缝的时候，在一半的世界中有一个电子通过上缝，而在另一半世界中则有一个电子通过下缝，但是这些互不相干的无限多个电子怎么可能同时通过各自的单缝呢？

1988年，美国哲学家阿尔伯特和洛厄又提出了另一种更极端的变种——多精神理论（也译为多心灵理论）。他们认为客观世界只有一个，而观察者的主观精神世界则有无限多个。具体地说，处于叠加态的观察者尽管只有一个物理的大脑，但却具有无限多个精神。每个精神态对应于获得确定测量结果的一个自我。在这种表述中，物理态和精神态是相互独立的（这是典型的心身二元论），物理态的演化是连续的、因果的，而精神态的演化则是非连续的、概率的。可以看出，多精神理论实际上是一种隐变量理论，因为它在标准量子理论描述中增加了观察者的精神态，以规定确定的测量结果。这个理论更接近艾弗雷特的最初设想，因为他曾宣称其理论是“客观上连续的、因果的，而在主观上是非连续的、概率的”。然而，由于多精神理论所引出的诸多物理学和哲学问题，即使它的提出者似乎也已经放弃了这个理论。阿尔伯特在2007年纪念多世界理论提出50周年的牛津会议上承认，他已经对多世界理论失去了信心。

在多世界理论中，由于波函数一直满足薛定谔方程，所以仍然存在量子纠缠，并且是在不同世界中纠缠。而由于多世界理论依赖于FAPP的退相干理论，量子纠缠无法完全解开，而只能近似地解开。那么，多世界理论中是否存在与量子纠缠有关的超距作用呢？大多数支持者认为不存在，并将这个特性作为其理论的一个最大优点。他们宣称，多世界理论是一个局域性的、决定性的理论。对于 EPR 实验和贝尔定理，他们认为超距作用的存在是由于假设测量仪器和观察者遵循经典力学，而被测系统遵循量子力学所导致的。如果两者都遵循量子力学，如多世界理论所假设的，就不必存在超距作用来说明测量结果之间的随机相关性。具体地说，贝尔定理依赖于一个隐含的反事实确定性假设，即每个可能的测量，即使不实际进行，都将产生一个确定的结果。考虑到这个假设，贝尔定理的结论应当是：量子力学要么违反定域性而导致超距作用，要么违反反事实确定性。多世界理论由于测量结果的多重性而违反反事实确定性，从而它可以保持定域性。

然而，多世界理论中是否存在超距作用的问题实际上很复杂，对不同理论变种结论也是不同的。总的来说，超距作用的存在依赖于下述三个条件，即世界分裂（或出现差别）的具体过程，如

图 4.11 艾弗雷特 @50 牛津会议

何成功复现量子力学概率（即说明玻恩概率规则），以及对概率的解释。

对于世界分裂表述，由于世界分裂过程是一个瞬时的过程，整个宇宙在测量发生的时刻都立即进行分裂，因此，在这个表述中存在最为强烈的超距作用。以EPR实验为例，对一端粒子的测量所导致的退相干是相对于粒子纠缠整体的，从而两端的粒子由于这一退相干过程而同时发生世界分裂。这种由一端测量引起的两端同时发生世界分裂的过程，类似于波函数坍缩，是一种瞬时的超距作用。

在德义奇的世界差别表述中，不存在这种超距作用，它只表现为不同世界分支之间干涉的消失。但是，当考虑到概率的意义时，在EPR实验中仍存在某种超距作用。原因在于，多世界理论中世界的演化是完全决定论的，测量之前每个测量结果的概率分布也都被决定了，但却没有预先存在的经典概率分布可以为所有分支同时分配正确的概率。这同样隐含了，在EPR实验中，一端的测量对另一端产生非定域的影响。基于类似的原因，即使在多精神理论中也存在较弱形式的超距作用。

必须承认，由于多世界理论本身还不完善，存在诸多版本，有很多关键问题尚未解决，甚至关于它是否是一致的理论还存在激烈的争议，因此，在其中详细讨论量子纠缠和超距作用是不适当的。本书将主要在波函数坍缩的标准量子力学框架内进行讨论。

4.5 求助引力

一个物理理论除了要与经验相一致外，其合理性关键在于它的逻辑基础。无论波函数坍缩，还是世界分裂，抑或是无限个世界出现差别，我们最终都需要找到它存在的更深刻的逻辑基础。一旦那基础被发现，争论也就自然平息了。那么，波函数坍缩究竟有没有更深刻的物理原因呢？

1935年，薛定谔建议利用态区分原理来说明波函数坍缩。他认为，只要关于测量结果的宏观记录产生了，波函数坍缩就发生。1949年，约尔丹论证道，在每一种测量中，微观粒子都要留下宏观尺寸的踪迹，因此，解决坍缩问题的关键一定在热力学中，而坍缩本身就是一种热力学不可逆过程。20世纪50年代，路德维希进一步发展了约尔丹的想法。他认为，测量仪器是一个处于热力学亚稳态的宏观系统，在受到微观系统的扰动时能向一个热力学稳态演化，从而导致一个确定的测量结果的出现。因此，在路德维希看来，波函数坍缩是一种由微观事件触发的热力学不可逆过程。值得指出的是，海森伯当时也表达了同样的看法，即只要量子测量从可逆过程领域进入热力学不可逆过程领域，波函数坍缩就会发生。

20世纪60年代，意大利物理学家丹尼里、洛因杰尔和普洛斯佩里将这一想法发展到了极致，他们提出的测量理论被称为DLP理论。丹尼里等人认为，波函数坍缩并不是由它与宏观测量仪器的相互作用所导致的，而是由一个具有各态历经特征的过程导致的。这个过程在相互作用完全消失后仍在测量仪器中发生，并留下一个持久的标志，即测量结果。然而，为了利用热力学不可逆过程来解释波函数坍缩，必须首先说明薛定谔方程所规定的可逆变化在宏观极限情况下如何能演变成表征测量的不可逆过程，而已有的理论都未能做到这一点。此外，这些理论仍然允许宏观叠加态的存在，从而仍没有最终证明宏观态在经典意义上是确定的。

图4.12 费曼

如果有什么根本原因导致波函数坍缩的话，那么这个原因很可能是引力。理由在于，在所有物理相互作用中引力是唯一普遍存在的力，而且引力随物体尺度的增加而增强，而量子叠加恰好对于宏观大尺度物体失效。引力导致波函数坍缩的猜想可以追溯至美国物理学家费曼。他在20世纪60年代初写的《引力学讲义》

中，考察了量子化宏观物体的问题，并猜测量子理论对宏观物体有可能失效。他说：“我想建议量子力学在大尺度上以及对于大物体失效是可能的……这并不与我们目前所知道的事实相矛盾。如果量子力学的失效与引力有关，我们或许可以期望这对于 10^{-5} 克大小的质量会发生。”几年后，也许是受到费曼思想的启发，匈牙利物理学家卡洛里哈基（F. Károlyházy）更具体地探讨了引力导致薛定谔方程失效的可能性，并提出了模糊时空的概念。

20 世纪 90 年代，英国物理学家彭罗斯进一步加强了引力导致波函数坍缩的论证。他认为，由于广义相对论的广义协变原理与量子力学的叠加原理之间存在根本的不相容性，不同时空的量子叠加在物理上是不适当的，而它的演化也无法一致地定义。这要求对应于宏观上不同能量分布的两个时空几何的叠加应当在很短的时间内坍缩。彭罗斯进一步认为，能量分布差异越大，坍缩得越快，其坍缩时间公式类似于海森伯的不确定性关系。彭罗斯相信，人们看待量子力学的方式不得不经历一次主要的革命。目前，牛津大学量子光学组的研究人员正在设计一个叠加镜实验来检验这个有趣的想法，也许在不久的将来就会有实验结果。

图 4.13　彭罗斯

4.6　构造新理论[1]

任何存在的事物和过程都有诞生和消亡，无论是基本粒子，还是生物个体，抑或是人类社会。对于量子纠缠而言，同样有产

1. 本节主要内容节选自《量子》，略有改动。

生和消解的过程。我们已经知道，波函数坍缩会解开量子纠缠，使相互纠缠的粒子重新成为独立、自由的个体。那么，这一坍缩过程究竟是怎样进行的呢？

20 世纪 60 年代，一些物理学家开始渐渐相信，不论波函数坍缩的原因如何，真实的坍缩应当是动态的、可描述的，而不是瞬时完成的。这样，冯·诺伊曼的两种演化过程——连续演化和瞬时坍缩将获得统一，量子力学也将因此得到完善。这是一个令人着迷的思想，它带给我们的将是量子世界与经典世界的和谐统一。美国物理学家珀尔（P. Pearle）最早被这一想法所深深吸引。

在大学时代，珀尔就已相信量子力学不可能是对自然的完备描述，他不能理解他的老师和其他物理学家如此有力地传达着一条训诫“不要怀疑它，只管应用它”。经过一阵痛苦的抉择之后，珀尔决定不听从这条无理的训诫。1967 年获得麻省理工学院（MIT）物理学博士学位后，珀尔来到哈佛大学的杰弗逊实验室工作。在这里他写了第一篇批评正统量子力学的文章。在这篇文章中，珀尔指出量子力学的坍缩规则，即波函数的瞬时坍缩没有被合理地定义，因为没有人给出它可以应用的条件，以及坍缩的具体时间。然而，哈佛大学不愿资助量子基础研究。后来，珀尔去了哈密尔顿学院（Hamilton college），并在那里工作到退休。

图 4.14 珀尔

1966 年，玻姆和他的学生巴布（J. Bub）描述了波函数与维纳 - 西格尔隐变量相互作用所导致的坍缩过程。这种隐变量使叠加态演化为其中的一个分支，演化结果的概率与量子理论的坍缩规则相一致。尽管这一模型缺少物理的真实性，但是它显示了修正薛定谔方程，把坍缩过程（在量子力学中被假设为瞬时完成的）描述为一个动态过程在数学上是可能的。受到玻姆和巴布工作的启发，珀尔认为存在某种随机涨落变量导致波函数的动态坍缩更加自然，毕竟自然界存在大量的涨落行为。后来，“赌博者的破产游戏”[1]（Gambler's ruin game）又启发了珀尔。1976年，他提出了第一个动态坍缩模型。在这个模型中，珀尔利用理想的白噪声来产生波函数的动态坍缩过程，并给出一个随机非线性方程来描述这个过程。这个方程对于微观系统趋近于薛定谔方程，而对于宏观系统（如测量仪器）则自动产生几乎瞬时的坍缩过程。然而，珀尔的动态坍缩理论仍然存在两个主要问题：一是优选基问题，二是触发问题。这两个问题在动态坍缩方程中都是人为解决的，而不是由自然来解决的。

1986年，三位意大利物理学家吉拉迪（G. Ghirardi）、瑞米尼（A. Rimini）和韦伯（T. Weber）提出了一种新的动态坍缩模型，并引起了广泛的关注。这一模型后来被称为GRW理论。吉拉迪等人假设，对于单个粒子的波函数，平均1亿年（大约3×10^{15}秒）发生一次坍缩，即波函数局域到一个很小的空间区域中。这种变化对单个粒子影响很小，但是对于一个包含大量粒子的宏观物体，如含有大约10^{27}个原子的猫来说，它的影响将是显著的。简单的计算表明，在大约10^{-12}秒内组成猫的原子中就将有一个原子的波函数发生坍缩。由于粒子的波函数之间因相互作用而纠缠在一起，一个粒子波函数的坍缩将立刻导致其他粒子波函数的坍缩，从而将导致整个猫的波函数在很短的时间内发生坍缩。于是，薛定谔猫将可以很快摆脱那种半死不活的量子状态。通过适当调整理论中的参数，吉拉迪等人论证了他们的理论可以与目前已知的实验结果相一致。[2]因此，GRW方案不仅显示了一种有效的动态

---

1. 这个游戏的一个例子是这样的：开始时，赌博者甲有20元，赌博者乙有80元。每次扔硬币决定输赢（假设得到正反面的概率完全相同），正面时甲给乙一元，反面时乙给甲一元。那么，经过有限次后，甲输光的概率为80%，而乙输光的概率为20%。

2. 值得指出的是，由于不确定性原理的限制，GRW理论所假设的波函数局域化过程将破坏能量守恒原理，并导致系统的能量以很小的速率持续增加。然而，由于理论所预言的能量增加幅度极小，目前的实验还不能对此进行检验。

坍缩理论可以存在，并且还提供了实验检验的可能性。然而，吉拉迪等人并没有进一步给出单粒子波函数坍缩的具体物理起源，他们所建立的还只是一种有趣的数学方案。

人们普遍认为，自然界中较长时间内的变化是由更短时间内的变化不断积累所产生的。因此，在一些物理学家看来，GRW理论由于不满足这一认识而显得不自然。1990年，珀尔与吉拉迪和瑞米尼进行了一次富有成效的合作。他们获得了薛定谔方程的一个线性修正方案，命名为CSL（连续随机局域化）模型。这一模型消除了GRW理论的上述缺陷。在CSL模型提出的同时，日内瓦大学的物理学家吉森（N. Gisin），以及狄奥斯（L. Diosi）和贝拉乌金（S. Belavkin）等人都同时给出了类似的量子修正方案。值得指出的是，这些方案中都不同程度地考虑了引力的影响。

1994年，佩西瓦（Ian. C. Percival）发展了一种新的基本量子态扩散理论（简称PSD）。他认为，波函数坍缩可能是由于时空本身的某种随机涨落所导致的，这种微小的涨落以极高的频率不断发生，它导致粒子波函数进行一种随机的布朗运动。与GRW理论的预言类似，PSD理论所预言的波函数坍缩对于单个微观粒子发生得十分缓慢，但对于大的宏观物体则发生得很快。物理学家们已经发现，量子力学与广义相对论的适当结合将产生时空的分立性，并导致时空在极小的普朗克尺度上存在剧烈的涨落，而这种涨落很可能就是导致波函数坍缩的随机涨落。佩西瓦相信，这种来自普朗克时空的随机涨落可以在实验室中通过某种精细的干涉实验被探测到。

图4.15 佩西瓦

目前，物理学家们仍在对波函数坍缩问题进行深入的研究。尽管通往真实世界的坍缩之路还很漫长，但我们已经对波函数坍缩了解了很多。我们知道，这个过程是动态的，而非瞬时完成的；不仅对于宏观物体，而且对于微观粒子，这个过程也在持续不断地进行。为此，波函数的演化将遵循一个新的修正的薛定谔方程，它可以将冯·诺伊曼的两种对立的演化过程统一起来。而对于波函数坍缩的起源，理论分析已经显示它很可能与引力和分立时空有关，[1] 而关于它的实验研究也正在进行之中。可以预计，在不久的将来，人们将会窥见波函数坍缩的真实面目。

1. 我们将在第六章更详细地讨论这个问题。

第五章 超光速狂想曲

Entanglement

量子纠缠最不可思议的性质就是它的非定域性，可以说，它是“滋生”超距作用的温床。本章我们将踏上非定域之旅，着重探讨超距作用的机制和物理本质。这种超越时空的神秘作用究竟是真实的，还是幻象呢？它的物理机制又是怎样的？利用它能实现真正的超距通信吗？说到超距作用，我们还不得不谈相对论[1]，因为它是坚决反对超距作用存在的。那么，超距作用与相对论是否相容呢？如果不相容，又该如何解决它们之间的矛盾呢？这对于21世纪的物理学家而言，仍然是一个巨大的挑战。无论如何，正如牛津大学的物理学家彭罗斯爵士所言，我们的时空观念都将经历一次比相对论和量子力学更为深远的革命。面对这激动人心的物理学变革时代，亲爱的读者，你准备好了吗？

5.1 经典禁令

为了理解超距作用，让我们先去看一看牛顿的引力。据说牛

1. 在本书中相对论指的是狭义相对论，相对性原理指的是狭义相对性原理，除非特别说明。

顿是受到苹果下落过程的启发才发现的万有引力定律。根据这一定律，所有物体之间都存在一种吸引力，这种力的强度正比于物体的质量，反比于物体间距离的平方。牛顿引力最引起争议的性质就是它的超距性质。一个物体对另一个物体的引力影响是瞬时传递的，不需要任何传播时间，或者说，这种引力影响的传播速度是无穷大。例如，在牛顿庄园里下落的苹果会将它的位置变化信息通过引力瞬时传遍整个宇宙。原则上，不论你是在苹果附近，还是在遥远的星际，你都会立刻感受到这个苹果的下落，只要你的感觉足够灵敏。无疑，如果引力影响果真是瞬时传递的，那么它就是典型的超距作用。

牛顿的引力理论由于赋予了引力这种超距性而受到广泛的非议，实际上，即使牛顿本人也感觉到这种不通过媒介传播的瞬时影响难以接受。他在给一位朋友的信中写道[1]："对物质来说，引力应当是固有的、内在的和基本的，所以一个物体可以通过真空超距地作用于另一个物体，而不通过任何其他的东西作为媒介，这种媒介用来在物质之间传递作用和力。这种观点在我看来是如此荒谬，以至于我认为任何一个具有正常思维能力的人都不会相信它。"

图 5.1 牛顿的苹果

实际上，利用牛顿力学理论可以证明，经典世界中不存在具有无穷大速度的物体运动，从而牛顿力学将禁止超距作用的存在。在牛顿力学中，物体的能量与速度的平方成正比。如果物体的运动速度为无穷大，那么物体的能量也将为无穷大。由于物理上并不存在无穷大的

1. 牛顿致本特利（Richard Bentley），1693 年 2 月 25 日。

能量，因此，在经典世界中不存在具有无穷大速度的物体运动。此外，如果将具有有限运动速度的物体加速，那么根据牛顿力学理论，由于加速度的有限性，将需要无限长的时间才能将物体的运动速度加速到无穷大，从而在有限的时间内也无法产生无穷大的运动速度。当然，在牛顿世界中不存在物体运动速度的上限，或者说，物体的运动速度可以任意大，只要有足够的能量即可。

牛顿无法解释，一个物体对另一个远离的物体是如何施加瞬时的引力作用的。的确，在连续运动的框架内，超距作用理论很难自圆其说。根据连续运动图像，任何作用和影响都经由空间连续地传播，都是在时空中可描述的；而超距作用却具有一种本质上的瞬时性和非连续性，它无法利用空间传播过程来描述。因此，连续运动和超距作用是两种本质上完全不同的过程，连续运动无法为超距作用提供一个合理的解释框架。[1]这里似乎存在一种可能性，即利用具有无穷大速度的连续运动过程来解释瞬时的超距作用。然而，我们已经看到，具有无穷大速度的连续运动过程在物理上并不存在，即使在数学上无穷大速度等价于瞬时性。此外，即使具有无穷大速度的连续运动过程存在，它也与瞬时的超距作用过程具有本质的不同。例如，前者可以通过有限速度的连续过程来逼近，仍具有运动方向和速度等性质，而后者却无法通过任何有限速度的连续过程来逼近，它不具有任何连续运动的性质。

连续运动不能提供超距作用机制，而爱因斯坦的相对论则进一步限制了作用传递的速度不能超过光速。

相对论是一种关于连续运动演化的时空理论，它的两条基本假设（即相对性假设和光速不变假设）都是针对连续运动而言的。在相对论适用的范围内，可以证明不存在连续的超光速运动，从而也不存在基于连续运动的超距作用。爱因斯坦在相对论提出后不久便给出了一个证明，这一证明利用了相对论的质量－能量关

1. 下一章我们将看到，如果物体的运动是非连续的，那么超距作用不仅可以存在，而且在某种程度上必然存在。原因在于，运动的非连续性正意味着物体的运动或作用影响可以不经由空间而进行，而超距作用所需要的也正是这个特性。

系。根据此关系，当物体的运动速度接近光速时，其能量将趋近于无穷大。这意味着需要无穷大的能量才能将具有静止质量的物体加速到光速，而无穷大能量在物理上是不存在的。因此，考虑到静止质量为零的粒子的运动速度为光速，任何物体的运动速度都不可能超过光速，从而也无法利用连续运动来实现超距作用。

严格地说，上述论证只证明了不可能通过加速使物体的运动速度超过光速，而并不能禁止物体通过其他方式使运动速度超过光速。实际上，存在一个基于因果回路的更一般的证明，它将从根本上排除超光速运动的存在。因果回路的一个著名例子是祖父悖论。这一悖论最早由法国科幻小说作家巴尔雅韦尔（René Barjavel）在他的小说《不小心的旅游者》（1943）中提出。其内容如下：假设你回到过去，在自己父亲出生前把自己的祖父母杀死。因为你祖父母死了，就不会有你的父亲；没有了父亲，你就不会出生，从而也不可能回到过去将你的祖父母杀死；而如果没有人把你的祖父母杀死，你就会存在并回到过去且把你的祖父母杀死。因此，返回过去的旅行将会导致一连串的逻辑矛盾。

一旦存在超光速运动，就会形成因果回路，并产生祖父悖论中所遇到的逻辑矛盾。下面我们给出具体的说明。假设在一个惯性参照系或惯性系中存在超光速运动过程，它符合正常的因果时序关系，即在这一过程中原因在前，结果在后。如图5.2所示，超光速信号先由发射装置发出，然后到达接收装置。根据相对论的洛伦兹时空变换，在适当选择的另一个惯性系中，这一超光速运动过程将不符合正常的因果时序关系，即这一过程的结果会发生在前，而原因则出现在后。这意味着我们可以向过去发送信号！例如，超光速信号在4点时由发射装置发出，而它会提前一

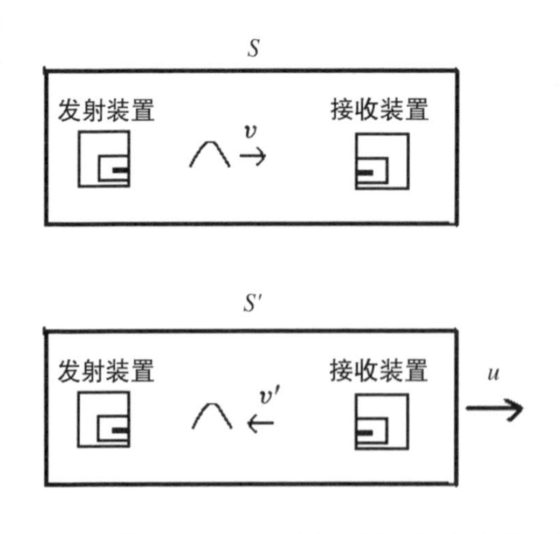

图5.2 相对论禁令

个小时，即在 3 点时就到达接收装置。这一过程的存在明显会导致祖父悖论一类的逻辑矛盾。因此，超光速运动和相对论的结合不可避免地要导致因果回路和逻辑矛盾，从而在相对论框架内，任何超光速运动和超距作用都不可能存在，不论它们是通过什么方式产生的。[1] 对此，爱因斯坦曾评论道：“它绝对与我们整个经验的特征相抵触，这样就证明了超光速因果链假设的不可能性。”由于连续运动具有本质的相对性，相对论对于连续运动和连续演化过程（如波函数正常的薛定谔演化）的有效性具有坚实的逻辑基础，同时这种有效性也得到了实验的严格证实。因此，上述证明将从根本上排除超光速的连续运动和连续演化过程的存在。

可以看出，在上述证明中，相对论所禁止的是因果流的超光速运动，正是结果与原因之间的超光速连接违背了相对论的基本假设。我们知道，因果流的产生方式一般涉及物质、能量和信息等，因此，相对论将禁止物质的超光速运动，以及能量和信息的超光速传输。值得指出的是，相对论并不禁止波（如光波）的相速和群速超过光速，因为这些过程并不产生实际的因果流。相对论只要求波的前沿速度不能超过光速。

最后，我们指出，在相对论框架中引力的传播速度也不是无穷大，而是等于光速。目前，对牛顿引力理论的最成功的相对论修正就是爱因斯坦的广义相对论，这一理论被认为是关于引力的最精确的经典理论。广义相对论至今已为大量严格的实验所证实，根据这一理论的预言，引力的传播速度恰好为光速。当然，在实验上直接测量引力的传播速度目前还存在技术困难。然而可以预计，随着引力波探测技术的不断进步，这一实验测量将会在不久的将来完成。

---

1. 关于量子场论中所假设存在的超光速粒子（即快子）是否违反因果性的问题还存在争议。为了避免因果回路的产生，必须假设这些快子与普通粒子之间存在极不自然的相互作用。

5.2 坍缩的同时性

连续运动本身无法提供瞬时的超距作用，而适用于连续运动的相对论又进一步禁止了任何超光速作用的存在。相比之下，非连续过程将自然包含一种不需通过空间连续传播的超距作用。那么，自然界中是否存在非连续过程呢？的确存在，那就是上一章介绍的波函数坍缩过程。本节我们将仔细介绍这一过程所表现出的幽灵般的超距作用。

我们首先看一看单粒子波函数的坍缩过程。以单光子的双缝实验为例，在这一实验中，通过双缝的光子波函数在空间上是延展的，其尺度可以与整个感光屏的尺度相比拟。当光子波函数到达感光屏后，它与感光屏上大量原子的波函数发生量子纠缠[1]。之后，测量将导致光子波函数不再遍及整个感光屏，而是随机坍缩到感光屏上一个极小的空间区域中。这一波函数坍缩过程在极短的时间内完成。实际上，光子被感光屏上处于此区域的原子吸收了，并进一步导致大量邻近原子的一种不可逆过程，这最终产生感光屏上的一个永久记录。

可以看出，上述波函数坍缩过程在整个感光屏上是同时进行的。在光子波函数未坍缩之前，它是分布在整个感光屏上的；而当光子波函数坍缩到上述极小的空间区域中时，在其他区域中立刻不再有光子的波函数分布，不论这些区域与坍缩区域相隔多远。如果将波函数的坍缩看作一个发生在坍缩区域的局域事件，而将其他局部区域中波函数的消失作为另一个事件，那么这两个事件之间的因果联系就是瞬时的、超光速的。

下面我们介绍双粒子量子纠缠态的测量坍缩过程，从中可以更清晰地看到波函数坍缩的同时性。考察第一章中讨论过的双粒子自旋纠缠态。尽管每个粒子沿任意方向上的自旋是不确定的，

1. 根据动态坍缩模型，这种纠缠在光子波函数的不同空间分支中引入了极大的能量分布差别，从而导致光子波函数的坍缩过程在极短的时间内完成。

它们的和却是一个确定值，总为零。此外，粒子 1 的波函数和粒子 2 的波函数在空间上不重合，[1] 并且两者的波包中心相距很远。我们在空间局部区域对粒子 1 进行测量。当测量仪器与粒子 1 发生相互作用后，它的状态与两个粒子的状态进一步纠缠起来。之后，测量过程将导致整个系统的波函数在极短的时间内发生坍缩，而双粒子系统的波函数也相应地坍缩为自旋确定的状态。可以看出，粒子 1 和粒子 2 的波函数坍缩是同时完成的，与它们之间的空间距离无关。

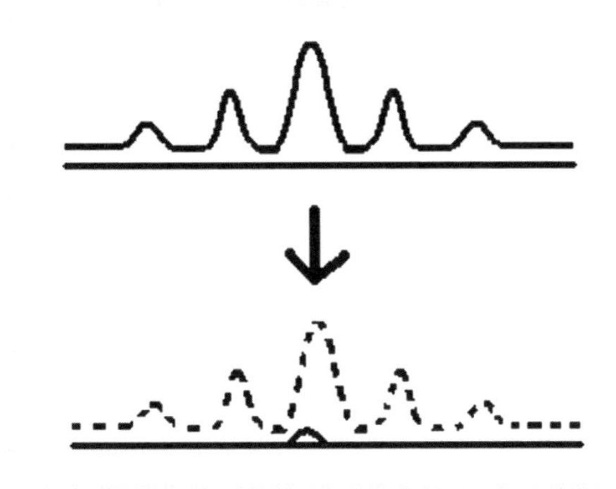

图 5.3 坍缩的同时性

在上述测量过程中，由于测量仪器与粒子 2 所在区域之间的空间距离可以任意大，并且动态坍缩过程的持续时间可以非常短，因此我们可以得到下述结论，即测量仪器的经典影响，如果存在的话，即使以最快的光速传播也无法在粒子 2 的波函数坍缩之前到达粒子 2，甚至也无法在粒子 1 的波函数坍缩之前到达粒子 1。因此，粒子 1 和粒子 2 的状态改变不可能来自测量仪器的任何经典（即连续性的）作用和影响，而只能来自其具有量子性质的超距作用。必须注意，粒子 1 与粒子 2 的状态改变之间并不存

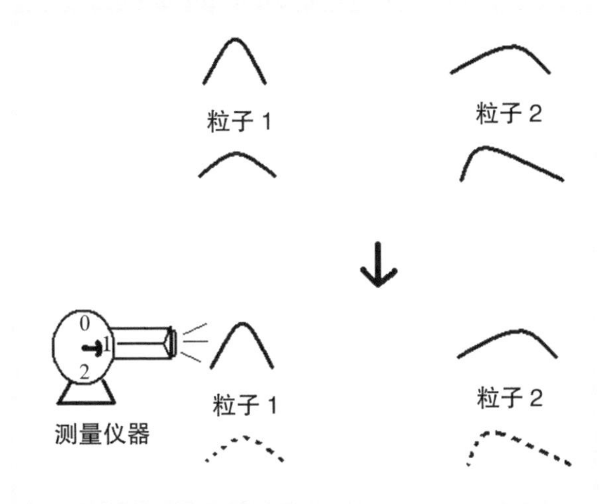

图 5.4 纠缠态的同时坍缩

1. 严格地说，由于自由粒子的波函数是无限延展的，这里的“不重合”只能是一种近似。然而，这种近似并不影响下面的讨论，并且这一表述可以使我们更清楚地看到仪器的局部测量对非局域的双粒子纠缠态的影响。必须注意，这里仪器测量的影响完全是从空间局部区域引入的。

在因果联系，它们都是由仪器测量这一共同的原因所导致的。

由于波函数坍缩的同时性，处于纠缠态的两个粒子在测量过程中将表现出一种瞬时的“心灵感应”。当任何一个粒子被测量时，另一个粒子会瞬时“感知”到这种影响。当粒子1的自旋态坍缩为向上或向下时，粒子2将瞬时“感知”到粒子1的变化，其自旋态也相应地立即坍缩为向下或向上，以保证两者自旋测量值之和总为零。考虑到我们可以沿任意方向测量粒子1的自旋，而粒子2的自旋测量值总是在（我们任意选择的）测量方向上与粒子1的自旋测量值保持相反，这种瞬时的“心灵感应”的确不可思议。

那么，波函数坍缩的同时性能否通过具体的实验测量结果表现出来呢？答案是肯定的。这些表现主要包括坍缩态之间的非定域关联或超距关联，以及对坍缩态的进一步测量结果之间的非定域关联。由于仪器的测量导致量子纠缠态的坍缩，即导致粒子1与粒子2的波函数同时坍缩，粒子1与粒子2的坍缩态之间必然存在关联。具体地说，如果粒子1的波函数坍缩为自旋向上，则粒子2的波函数必坍缩为自旋向下，而当粒子1的波函数坍缩为自旋向下时，粒子2的波函数肯定坍缩为自旋向上。由于粒子1与粒子2的状态改变是同时的，而且对它们坍缩态的进一步测量也可以同时进行，[1] 因此，上述粒子1与粒子2的坍缩态之间所存在的关联是超距的，并且对这些坍缩态的进一步测量结果之间的关联同样是超光速的。这种测量结果之间的超距关联可以通过EPR论证或贝尔不等式展现出来。

贝尔不等式和贝尔定理是理解超距作用或非定域性存在的关键。贝尔不等式是定域隐变量理论的一个自然结果，[2] 它表示相距遥远的粒子之间不存在超光速影响，从而对它们的测量结果之间也不存在超光速关联。贝尔定理则断言量子理论违反贝尔不等

---

1. 这些测量只是对已相互独立的粒子1、2的测量，同时性保证它们之间不存在相互影响。

2. 定域隐变量理论是指符合相对论定域性假设的隐变量理论，其中不存在超光速作用或超距作用。

图 5.5 贝尔实验示意图

式。它的一般表述为：任何定域的隐变量理论都不能完全重现量子理论的所有预言，简言之，量子理论允许非定域性或超距作用的存在。由于贝尔定理揭示了微观粒子之间存在着一种不可思议的超距影响，并提供了利用实验来检验粒子测量结果之间所存在的超光速关联的实际可能性，它被认为是“20 世纪科学最深远的发现”之一。我们在第一章中已介绍了贝尔定理的一种图形证明。值得一提的是，格林伯格（D. M. Greenberger）、霍恩（M. A. Horne）和塞林格于 1989 年利用三粒子纠缠态给出了贝尔定理的一种新证明，在他们的证明中没有出现不等式。这个证明只利用量子理论对单个实验结果的预言，而不是对大量实验结果的统计关联预言，就证明了量子理论允许超距作用的存在，并提供了利用实验来检验粒子之间存在超距影响的更简单的方法。

至今，人们已进行了大量实验来证明贝尔定理。尽管由于技术原因，这些实验仍然存在漏洞，但是实验结果已基本上证实了量子理论的预言，并显示了量子非定域性的真实存在。

5.3 失败的案例

当量子非定域性的存在被证实之后，人们便很自然地想利用这种非定域过程来传递信息，从而实现超距通信。这方面的努力之一来自于美国物理学家赫伯特（N. Herbert）。1982 年，他提出了一种基于量子非定域性的超距通信方案，称之为 FLASH[1]，意思是首个激光放大超光速连接。赫伯特试图利用理想的激光放

1. FLASH 是英文 First Laser-Amplified Superluminal Hookup 的缩写。

图 5.6　赫伯特

大管来复制光子的状态，以确定单个光子的偏振本征态，从而破译量子非定域过程中所传递的信息。

赫伯特的具体方案如下：两个处于量子纠缠态的关联光子从源向相反方向发出，并分别经过双通道偏振器，之后实验者艾丽丝和鲍勃分别用探测器 A 和 B 测量它们的偏振。双通道偏振器的测量方向分别选为垂直和 45° 角。如果偏振器的方向设置为垂直，那么从上面通过的光子为垂直偏振 (V)，从下面通过的光子为水平偏振 (H)。如果偏振器的方向设置为 45° 角，那么从上面通过的光子为正 45° 偏振 (D)，从下面通过的光子为负 45° 偏振 (S)。对于一束光子，可以测量它的 V/H 偏振状态，也可以测量它的 D/S 偏振状态，但不能同时测量二者。赫伯特将 V/H 设置称为“T”，将 D/S 设置称为“X”。

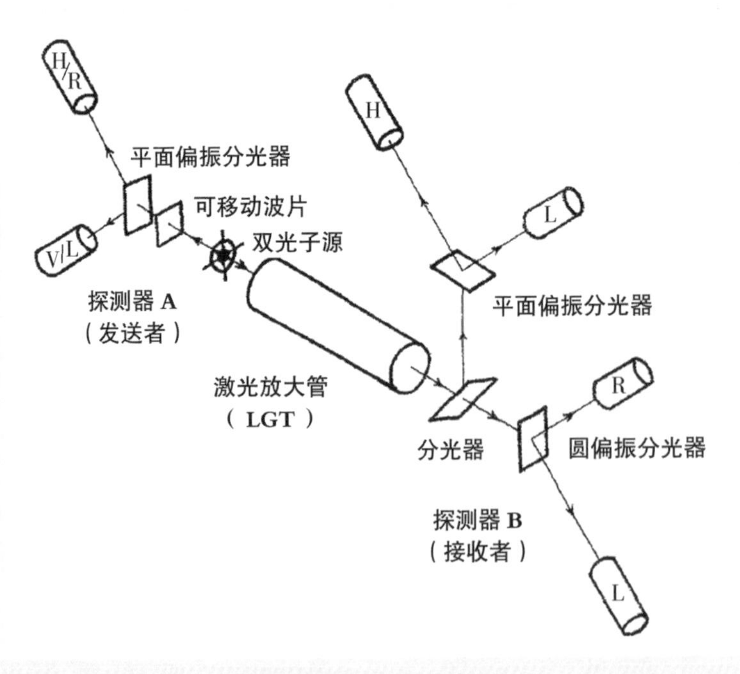

图 5.7　FLASH 方案

根据量子力学，对于处于量子纠缠态的两个光子，它们每一个都没有确定的偏振状态，而只有一个处于某种偏振态的确定的概率。测量每个光子的偏振其结果是完全随机的，并且只能是分立值 +1 或 -1。然而，由于两个光子之间存在量子纠缠，一旦测量到光子 A 处于一个确定的偏振状态，光子 B 将总是处于相同的偏振态。此外，尽管单个光子的偏振测量结果总是随机的，但是对于大量处于相同本征态的光子，测量却可以得到确定的结果。例如，对于一束处于垂直偏振的光子，即处于 V 本征态的光子，如果采用“T”设置，即将偏振器的方向设置为垂直方向，那么所有的光子都将从上面通过，于是通过测量结果可以知道光子的偏振为垂直偏振。这样，如果有一束光子都处于同样的本征态（如 H，V，D 或 S），它们的偏振状态将很容易被发现。我们可以将偏振器的方向连续改变，直到所有光子都可以从上面通过。此时，偏振器的方向正是光子偏振本征态的偏振方向，例如，如果这一方向为垂直方向，那么光子就是处于垂直偏振本征态。

设想在上述实验设置中艾丽丝作为发信者，她以“0”和“1”来编码信息。如果发送“0”，她就将偏振器设置为 T 方式。此时，如果她测量到光子的偏振为 H 偏振态，那么另一个到达鲍勃的光子将同样处于 H 偏振本征态；如果发送“1”，她就将偏振器设置为 X 方式。此时，如果她测量到光子的偏振为 D 偏振态，那么另一个到达鲍勃的光子将同样处于 D 偏振本征态。假设艾丽丝和鲍勃约定以 1 个光子代表一个二进制码，如果艾丽丝发送信息“1001”，那么鲍勃将收到光子 1 处于 D 或 S 的偏振本征态，光子 2 到 3 处于 H 或 V 的偏振本征态，光子 4 处于 D 或 S 的偏振本征态。如果鲍勃可以确定单个光子的偏振本征态，他就可以将艾丽丝发出的信息解码，从而超光速地接收到信息。

现在到了 FLASH 方案的最关键之处。赫伯特认为，由于人们可以测量出一束相同光子的本征态，因此，如果能对单个光子进行克隆，例如克隆出 100 个状态相同的光子，那么便可以测量出单个光子的本征态，从而实现超距通信。赫伯特的具体克隆方案是，让每个光子进入激光放大管 (LGT)。LGT 可以发出与输入光子相同频率的光。我们知道，原子可通过两种方式发射光子，

图 5.8　伍特斯

图 5.9　朱瑞克

一种是自发辐射，其中光子以随机的方向和偏振被发射出，另一种是受激辐射，其中光子以与激发光子同样的方向和偏振发射出。赫伯特认为，受激辐射使 LGT 可以成为一个很好的光克隆器件。在上述实验中，鲍勃让接收到的每个光子进入 LGT，然后测量从 LGT 发射出的大量具有相同偏振的光子，从而他可以测出每个接收光子的偏振本征态。这样，鲍勃就可以知道他接收的光子是处于 V 和 H 偏振态的随机混合（对应于码“0”），还是处于 D 和 S 偏振态的随机混合（对应于码“1”）。因此，鲍勃可以瞬时地将艾丽丝发送的信息解码，从而实现超距通信。这便是赫伯特提出的超距通信方案——FLASH。

然而，在 FLASH 建议提出后不久，这种方案即被证明是不可行的[1]。伍特斯（W. K. Wootters）和朱瑞克（W. H. Zurek）以及迪克斯（D. Dieks）很快证明了赫伯特利用 LGT 的复制方法是

1. 尽管目前的量子力学禁止人们测量出单个未知的光子本征态，但是赫伯特并不服输。他对此反驳道：“有一个粒子向我运动而来，它有一种性质，如果我将偏振器设置为某个角度，粒子将肯定从上面通过。为什么自然禁止我用完全局域的方式发现这个角度呢？毕竟单个光子的本征态不是完全禁止知道的信息。鲍勃总可以直接询问艾丽丝所选择的测量方向，从而发现他的光子的本征态。”

目前的量子力学所不允许的，他们的结论是：单个量子不能被克隆（这一有趣的说法是美国物理学家惠勒想出来的）。这就是著名的单量子不可克隆定理。之后，曼德尔（L. Mandel）进一步指出，赫伯特的 LGT 将会产生足够的噪声而导致输入光子的偏振本征态无法被测量出来。例如，将 H 偏振光子送入 LGT，那么将有 2/3 的概率出来两个 H 光子，另外还有 1/3 的概率出来一个 H 光子和一个 V 光子。这些噪声将阻止人们将 V 光子和 H 光子的混合态（代表码“0”）与 S 光子和 D 光子的混合态（代表码“1”）区分开。因此，尽管艾丽丝可以向鲍勃超光速地发送信息，但是鲍勃却不能利用 FLASH 方案将这些信息解码而实现超距通信。

5.4 量子禁令

实际上，存在更为普遍的证明显示，目前的量子理论禁止利用量子非定域性来实现超光速的信息传递或超距通信。早在 20 世纪 70 年代末埃伯哈德（P. Eberhard）和吉拉狄等人既已给出了严格证明，并且类似的普遍证明已为更多的人所给出。

这些证明中一个共同的结论是，在目前的量子力学框架内，单个未知量子态（即波函数）不可能被完全测知，同时，也无法区分任意给定的两个非正交量子态。于是，对于相互纠缠的微观粒子，尽管对其中的一个粒子进行测量时，另一个粒子的状态立刻发生相应的变化，但是理论本身却禁止测量出这种变化。因此，尽管粒子之间“进行着超距通信”，但是我们却无法获得它们超光速传递的信息，当试图接近这些信息时，恼人的量子随机性却将它们完全掩盖了。

下面我们通过对量子纠缠态的具体分析来进一步了解量子禁令。我们知道，在测量坍缩过程中，尽管处于量子纠缠态的两个粒子身处异地，它们的波函数仍然准确无误地同时坍缩。这导致了两个粒子坍缩态之间的非定域关联，以及对坍缩态的进一步测量结果之间的非定域关联。然而，尽管粒子有如此明显的超光速表现，目前的量子理论却不允许我们利用这种非定域过程进行超距通信。让我们看一看量子理论是如何巧妙地做到这一点的。

考察处于量子纠缠态的两个相距遥远的粒子 1 和 2。我们在空间局部区域对粒子 1 进行测量。根据量子力学，测量将导致量子纠缠态在极短时间内随机坍缩为其中的分支之一。现在，存在两种途经可以让我们利用这种测量坍缩来实现超距通信。

（1）通过对单个粒子 2 的进一步测量

$\psi_1\varphi_1+\psi_2\varphi_2 \longrightarrow \varphi_1$ 概率为 1/2

$\psi_1\varphi_1+\psi_2\varphi_2 \longrightarrow \varphi_2$ 概率为 1/2

图 5.10 测量单个粒子

如果可以测量出粒子 2 在坍缩前后的状态变化，那么就可以通过对粒子 1 的测量操作发送信息，并通过检测粒子 2 的状态变化来接收信息。由于粒子 1、2 之间的距离非常远，而测量坍缩时间又非常短，从而这种信息的发送和接收将是超光速进行的，即实现了超距通信。**然而，根据量子力学，**单个未知量子态无法被完全测知，并且**非正交量子态也不可区分，从而我们无法测量出**粒子 2 的实际量子态，也无法**区分测量前粒子 2 的原态与测量后的坍缩态（它们是非正交的）。因此，量子力学不允许利用上述方法实现超距通信**。

（2）通过对大量量子纠缠态中粒子 2 的进一步系综测量

$\psi_1\varphi_1+\psi_2\varphi_2 \longrightarrow \varphi_1$

$\psi_1\varphi_1+\psi_2\varphi_2 \longrightarrow \varphi_2$

$\psi_1\varphi_1+\psi_2\varphi_2 \longrightarrow \varphi_2$

$\psi_1\varphi_1+\psi_2\varphi_2 \longrightarrow \varphi_1$

⋮

图 5.11 测量大量粒子

如果测量者或测量仪器可以控制测量结果的产生，那么对粒子 1 的测量将可以产生粒子 2 坍缩态的某种规律性。于是，我们可以通过检测粒子 2 坍缩态的这种规律性来超光速地接收来自粒子 1 测量的信息，从而实现超距通信。但是，根据量子力学，测量所导致的坍缩过程是本质上随机的，测量者和测量仪器都无法控制测量结果的产生。因此，量子力学不允许利用这种方法实现超距通信。

此外，如果对粒子 2 系综的进一步干涉测量在粒子 1 被测量之前和之后产生的干涉结果是不同的，那么我们将可以通过检测这种干涉结果的不同而超光速地获取粒子 1 是否被测量的信息，从而实现超距通信。然而，根据量子力学，在测量粒子 1 之前和之后对粒子 2 系综的干涉测量结果是严格相同的。因此，量子力学也不允许利用这种干涉方法实现超距通信。

当然，如贝尔定理所显示的，如果将大量量子纠缠态中粒子 1、2 的系综测量结果放到一起比较时将会显示出非定域关联的存在，但“放到一起”必须通过光速或亚光速经典信息通道才能进行。因此，这种非定域关联测量同样不能用来实现超距通信。

看来，目前的量子理论仍然“犹抱琵琶半遮面”。尽管它允许某种超距作用的存在，但却不愿提供一种方法让我们实现超距通信。这似乎说明幽灵般的超距作用与相对论实际上是相容的，尽管在“思想”上它们不一致。然而，事实并没有这么简单。

5.5 不相容性疑难

对于量子力学允许非定域性存在这一奇异特征，物理学家们的意见并不一致。美国物理学家和哲学家西蒙尼（A. Shimony）曾认为量子非定域性的存在（不能被用于超距通信）恰好表明目前的量子理论可以和相对论“和平共处”，[1] 而阿哈朗诺夫（Y. Aharonov）和阿尔伯特（D. Albert）却指出，考虑到实在的量子

1. 在给本书第二作者的私人通信中，西蒙尼说他已改变了看法，而倾向于认为存在不相容性问题。

图 5.12　西蒙尼

测量过程，将两者相结合存在特殊的困难。

实际上，贝尔很早就意识到他的定理所揭示出的量子非定域性与相对论并不协调。他认为，在现象背后存在某种东西比光进行得更快，而根据目前的量子理论它在观察水平上却不会显露出来，这是令人极不舒服的。因此，贝尔建议存在一个特惠的洛伦兹参照系或绝对参照系，在其中可定义一个实际的因果序列，从而可以更自然地理解量子非定域现象。这明显破坏了相对性原理，然而贝尔对此并没有给出更严格的证明。

1998 年，佩西瓦给出了这一证明。他在更一般的意义上论证了量子非定域性与相对性原理之间的不相容性。佩西瓦的结论是，基于测量过程的实在性，量子非定域现象将不满足洛伦兹不变性，从而导致客观上存在一个绝对参照系，或者说，对量子非定域现象（如波函数坍缩过程）的一致物理描述本质上需要一个参照系。由于佩西瓦的论证独立于任何量子领域中的因果性假设，而只依赖于经典输入、输出之间的因果关系，他的结论具有一定的普遍性。

图 5.13　水火不相容

今天，物理

当代科学所面临的四大难题

1999 年 10 月 18 日，中国科学院院长路甬祥先生在中国科协首届学术年会上作了《科学技术百年的回顾和展望》的报告。在报告中，他提出了当代科学所面临的四大难题。它们是物理学中相对论的局域性与量子力学的全域性之间的不协调问题，生物学中遗传与进化的统一问题，脑与认知科学中脑的结构和本质问题，以及自然界中的三大起源（宇宙、物质和生命）问题。

学家们戏谑地将量子非定域性与相对论的不相容问题称为 20 世纪末物理学晴空中的一朵乌云。[1] 1999 年，中国科学院院长路甬祥先生也将这一问题列为当代科学所面临的四大难题之首。这一问题的存在本身已经显示了量子理论和相对论的某种不完备性，从而作为科学理论它们都需要进一步发展。

著名科学哲学家波普尔曾以可证伪性作为科学理论的判别标准，这一思想已被大多数科学家所普遍接受。简单地说，科学理论的可证伪性就意味着不存在绝对真理。因此，所有科学理论，包括量子理论和相对论，都是相对真理，都是可证伪的，都需要发展。关键问题在于，我们是否有足够的理论根据和实验基础来发展量子理论和相对论，从而解决它们之间的不相容问题呢？

图 5.14 波普尔

无疑，要解决不相容问题必然要涉及量子理论和相对论的根本基础，为此必须从它们

1. 必须指出，量子场论只是量子力学与狭义相对论在连续演化（即线性薛定谔方程）方面的统一，它们还要在非连续方面（即波函数坍缩）统一，而量子引力则是在更深基础上的进一步统一。

关于不相容性的最早认识[1]

爱因斯坦早在1927年就已经注意到量子力学与相对论的不相容性。在1927年10月于布鲁塞尔召开的第五届索尔维会议上，爱因斯坦首次公开发表对量子力学的反对意见。尽管他只提出了一个非常简单的反驳，但思想极为深刻。爱因斯坦很谦逊地做了开场白："我必须因为不曾彻底地研究量子力学而表示歉意，不过我还是愿意提出一些一般的看法。"然后，他以小孔衍射实验为例指出，玻尔等人的正统观点对这一实验的解释会遇到不可避免的困难。爱因斯坦说："认为$|\Psi|^2$表示一个粒子存在于完全确定的地方的概率，这样的一种解释就必须以完全特殊的超距作用为前提，从而不允许连续分布在空间中的波同时在胶片的两个部分表现出自己的作用。"爱因斯坦的确目光敏锐，他一下子就看出了波函数坍缩过程的存在与相对论相抵触。这一分析是关于量子力学与相对论的不相容性的最早认识。

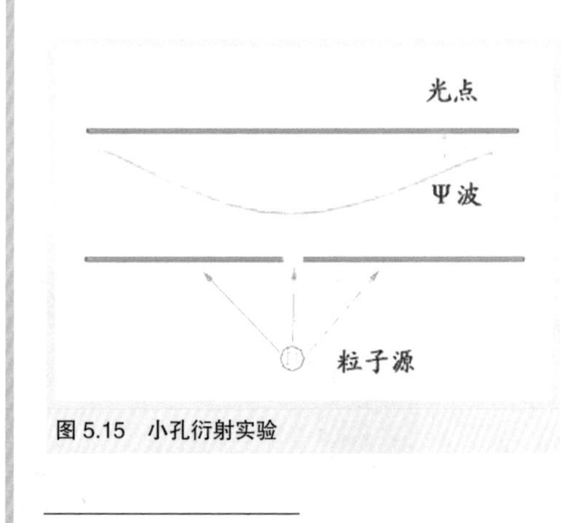

图5.15　小孔衍射实验

1. 本段内容参考了《量子》，略有改动。

所依据的基本原理和基本假设着手进行更深入的理论反思。这里，我们将引用爱因斯坦的教诲以强调原理性分析的重要性和必要性。他在《物理学和实在》一文中说："当物理学的这些基础本身成为问题的时候……物理学家就不可以简单地放弃对理论基础作批判性的思考，而听任哲学家去做；因为他自己最晓得，也最确切地感觉到鞋子究竟在哪里夹脚。在寻求新的基础时，他必须在自己的思想上尽力弄清楚他所用的概念究竟有多少根据，有多大的必要性。”

5.6 检验基础

量子非定域性的存在似乎暗示了相对论的现有框架需要被扩展，但相对论能否被扩展以容纳量子非定域性呢？根据相对论，超光速的物质运动和信息传输都将被禁止。因此，相对论对超距作用下了最严厉的禁令。但相对论是绝对正确的吗？它已经完全被实验证实了吗？我们先看看它的创立者爱因斯坦自己的回答，他认为：“相对论肯定会被一个新的理论所取代，虽然具体的理由我们目前尚无法臆测。我相信深化理论的进程是没有止境的。”

我们知道，相对论主要基于两条基本假设，即光速不变假设和相对性原理。因此，它的正确性将依赖于这两条假设的有效性。我们首先来看光速不变假设。这一假设可以表述为：光在真空中的速度与光源和观察者的速度无关。光速不变假设是关于光这种具体物质客体的特殊事实，它是容易验证和否证的。目前，光速不变假设已为大量精确的实验所证实。严格地说，光速不变假设应当称为回路光速不变假设，这一假设中的光速应当为光在真空中的回路平均光速，而不是单向光速。在相对论框架内，由于不存在超光速的信号，单向光速是不可测量的。为此，爱因斯坦根据简单性原则进一步规定了单向光速的不变性。

当然，回路光速在实验测量上总有一定的精度限制，因此严格地说，回路光速不变性假设只是在目前实验精度的范围内被证实了。至于这一假设是否在任意精度内都成立，则是一个需要进一步理论分析和实验检验的问题。在理论上，量子引力理论（如超弦理论）将会对这一问题的答案提供一些可能的暗示；在实验上，我们必须清醒地意识到，我们对回路光速不变性假设的检验只是在宇宙演化的一段特定时期内（如人类出现后）进行的，并且也只是在茫茫宇宙的一个特定的空间区域中（如地球上）进行的，至于这一假设在宇宙演化的其他时期以及宇宙空间的其他地方是否成立则是另一个有待回答的问题。实际上，一些天文观测数据已经显示，精细结构常数可能随宇宙年龄的增长在缓慢变化，而在一些理论模型中光速也将随时间变化。此外，有关超高能宇宙射线的观察数据似乎也违反光速不变假设，[1]并暗示在更高能量时相对论的色散关系（即能量－动量关系）将失效，而光速将与波长有关。

下面我们看一看相对论的第二个基本假设——相对性原理。这一原理断言一切自然规律与惯性系的选取无关。人们普遍认为，相对性原理同样已被大量的现象和实验所证实。然而，从逻辑观点来看，由于这一原理是一条普适性假设，它断言所有自然规律都与惯性系的选取无关，因此即使已知的自然规律都与惯性系的选取无关，人们仍然无法证实这一原理的正确性。严格地说，相对性原理还未得到证实，甚至永远也无法得到证实，除非人们发现所有的自然规律，发现绝对真理。更谨慎的看法是，我们尚未发现相对性原理的适用范围。

另一方面，只要有一条自然规律与惯性系的选取有关，那么相对性原理就将被否证，而相对论也将因此失效，并被新的理论所取代。对于这一情况，我们可以做一个形象的类比。例如，对于一个放在具有旋转对称性的山峰上的球，它原则上可以处于这个平衡位置，并且这一平衡状态具有最大的对称性。然而，这一平衡态却是极端不稳定的，只要有任意微小的扰动球就会沿某个方向滑落山谷，而达到一个稳定的平衡

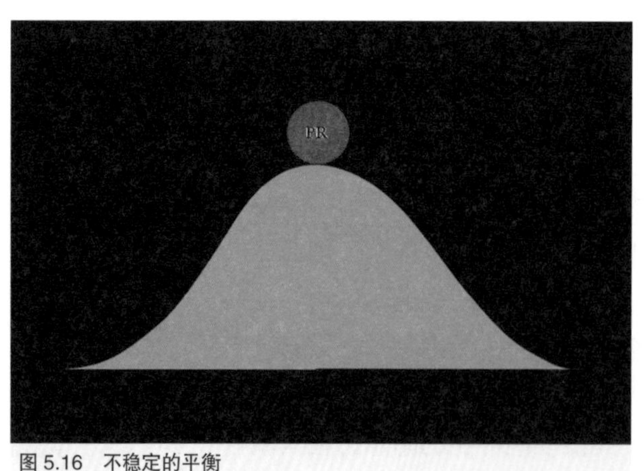

图 5.16　不稳定的平衡

1. 超高能宇宙射线是由遥远的星系产生的高能粒子。这些粒子可以和宇宙微波背景辐射发生相互作用。由于这种相互作用，能量大于约 5×10^{19}eV 的宇宙射线将不能到达地球。这一能量门限被称为 GZK 门限，它是根据能量－动量守恒原理和相对论色散关系计算出来的。然而，实验发现，大于 GZK 门限能量的一些宇宙射线也可以到达地面。这一观测结果似乎违反了相对论的预测。

态。在这一过程中对称性发生破缺，新的平衡态不再具有原来的旋转对称性，而是具有一个优选的方向。因此，可以预计，相对性原理所处的“适用于一切自然规律”的具有高度对称性的平衡态也是极端不稳定的，只要有一条自然规律对其产生扰动，它就将失效而离开这一不稳定的平衡态。

从历史观点来看，对相对性原理的最初认识来自于人们获得的关于宏观连续运动的经验，如伽利略的萨尔维阿蒂大船实验。根据这一原理，原则上无法区分两个相对做连续运动的惯性系，即观察者通过在其所处的惯性参照系中所做的一切实验都无法发现他所在的参照系是运动的还是静止的，或者说，运动根本上是相对的，不存在绝对运动。之后，人们渐渐发现相对性原理所适用的经验领域是如此之大，以至于将其当作是一条普适原理是十分自然的，这就是爱因斯坦在他的相对论中所做的。

然而，爱因斯坦本人对相对性原理正确性的论证却并不是无懈可击的。一方面，他仍通过分析经典力学领域中的现象来获得对相对性原理的信心，他的论证本质上依赖于不可能利用实验发现一个绝对静止的惯性系，但是这些实验明显地只局限于经典连续运动领域；另一方面，爱因斯坦更多地依赖于某种哲学信仰，他认为如此普遍的原理精确地适用于现象的一个领域，而不适用于另一个领域似乎先验地不可能。于是很明显，爱因斯坦本人的原始论证并不具有普遍性，这些论证对于经典力学领域以外的现象很难具有说服力，同时，他也忽略了一种重要的可能性，即某些现象不满足相对性原理并不会影响相对性原理对其他现象的可应用性。因此，从历史的观点来看，将相对性原理应用于所有自然现象和规律并不具有坚实的理论和实验基础。

上述分析也显示了惯性系间的等价性是一个先入的概念，并不存在先验的原因要求这种等价性，相反，它更多地来源于我们不断积累的关于连续运动和连续演化现象的经验。然而，这一先入的概念已由于它应用上的巨大成功深深扎根于我们的思想中。因此，如果人们现在提出惯性系之间的不等价性似乎是很不自然的，以至于很难被接受，但实际上它应该是适用于一切自然现象的最原始、最自然的假设。

进一步地，至今的一切科学实践只显示了相对性原理对于连续运动和连续演化现象的适用性，但正如量子力学所显示的，非连续的波函数坍缩过程所表现出的非定域性很可能并不满足相对性原理，即相对做连续运动的不同惯性系对于这种非连续过程的描述并不等价，或者说，可以通过与这种非连续过程有关的实验来测量它所在的惯性系的绝对速度。

另一方面，我们也可以从相对运动的角度来理解这种不等价性的可能存在。一个物体的连续运动必须相对于另一个物体的连续运动才可以一致地定义，并且相对做连续运动的物体是无法通过这种连续运动来区分谁是运动的、谁是静止的，即连续运动本质上具有相对性；而非连续过程与连续运动之间并不具有这种相对性，即非连续过程的存在和定义不必相对于连续运动的物体或参照系，它本质上具有一种独立于所有惯性系的特性，或者说，它具有某种内在的自参照性。

实际上，爱因斯坦本人也早已富有远见地对相对性原理的普适性表示了担忧。他认为："只有我们确信所有自然现象都能够由经典力学来说明，相对性原理才是无可置疑的……但是，鉴于电动力学和光学的最新进展，下述事实越来越变得明显，即经典力学无法为所有自然现象的物理描述提供一个充分的基础。在这一转折点上……对这一问题给出否定答案似乎不是不可能的。"

基于上述分析我们发现，相对论并未得到实验的最终证实，而其中的相对性原理甚至永远也无法得到实验证实。相反，一些实验和现象，如量子非定域性的存在，已经显示了相对论的局限性。目前最迫切的问题是，如何调和相对论与已有理论和实验之间的可能冲突，并进一步发展这一理论。

5.7 探寻绝对

我们知道，只要有一种自然过程的规律与惯性系的选取有关，相对性原理就将失效。那么，在人类现有的经验范围内是否存在这种自然过程呢？本节我们将看到，波函数坍缩过程的规律很可能违背相对性原理，从而导致绝对参照系的存在。

如图 5.17 所示，考察两个相对运动的惯性系，在每个惯性系中都有一个双粒子纠缠态，它们相互无关。在惯性系 S 中在 A 处对粒子 1 进行测量，在 B 处对粒子 2 进行测量，测量 A 先于测量 B。相应地，在惯性系 S' 中在 C 处对粒子 4 进行测量，在 D 处对粒子 3 进行测量，测量 C 先于测量 D。此外，在两个惯性系之间存在下述联系，即测量 B 的结果以经典方式（即通过光速或亚光速信号控制）决定 C 处测量方式的选择（如测量不同方向上的粒子自旋），而测量 D 的结果以经典方式决定 A 处测量方式的选择。这一实验被称为双贝尔实验。

我们知道，根据相对论，上述四个事件可以形成一个时序回路。但在经典情况下，由于事件 A、B之间及C、D之间不存在因果联系，这个时序回路不会形成逻辑上被禁止的因果回路，因而是可以存在的。然而，由于波函数坍缩所导致的量子非定域影响的存在，可以证明，A、B 之间及 C、D 之间将存在量子因果连接，从而上述时序回路将会形成因果回路，尽管只是以一定的概率存在。[1] 这一证明是以波函数坍缩过程的同时性与惯性系的选取无关（即满足相对性原理）为前提的，即假设在任何惯性系中，由测量导致的双粒子纠缠态的异地坍缩过程总是同时发生，因此总是先进行的测量的选择影响后进行的测量

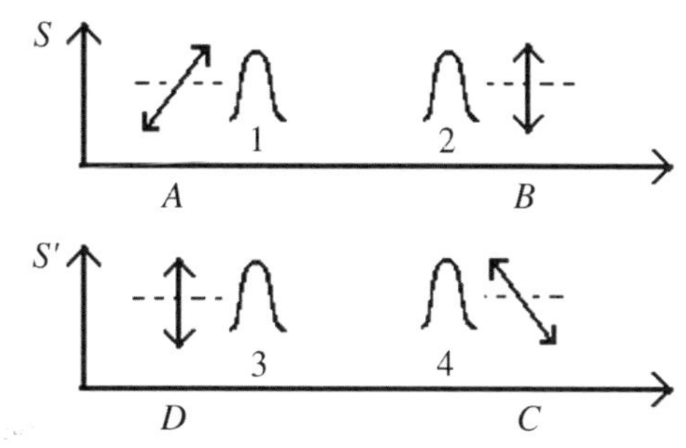

图 5.17 双贝尔实验

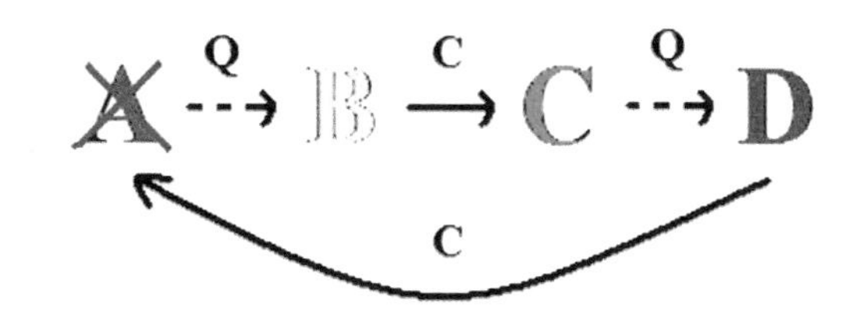

图 5.18 因果回路

1. 更详细的讨论请参见佩西瓦的文章，I. Percival，Phys. Lett. A 244 (1998) 495–501。

的结果。因此，因果回路的出现说明这一前提与相对论是不相容的。具体地说，波函数坍缩过程的同时性与（相对论所规定的）单向光速的各向同性不可能同时满足相对性原理，它们的结合将导致逻辑上被禁止的因果回路。于是，必然存在一个由波函数坍缩的非同时性或单向光速的各向异性所选择出的绝对参照系。在这一绝对参照系中，波函数坍缩过程的同时性与单向光速的各向同性可以共存，而在其他惯性系中，要么波函数坍缩过程不再具有同时性，要么单向光速不再具有各向同性。

如果光速是最快的信号速度，那么相对论的同时性约定将是一个自然而简单的选择，从而单向光速的各向同性将满足相对性原理，而波函数坍缩过程只有在绝对参照系中才具有同时性。在其他惯性系中，波函数坍缩过程将不再是同时的，并且其时序关系按照洛伦兹时空变换与绝对参照系中的同时性时序关系相联系。这样，在上述实验中，我们所设计的因果回路中的两个量子因果连接必定有一个是不存在的，从而这一因果回路不会形成。

下面我们介绍一种通过测量波函数坍缩时间来检测绝对参照系的可能方法，这一方法本身也显示了绝对参照系的存在。在一些动态坍缩理论中，波函数坍缩起源于系统波函数的能量不确定性。在非相对论情况下，坍缩时间反比于系统能量方均根不确定度的平方。而在相对论情况下，考虑到时间和能量方均根不确定度的相对论变换，坍缩时间公式中将包含实验参照系的速度，而这一速度所相对的参照系可定义为绝对参照系。因此，波函数的坍缩时间提供了一种检测绝对参照系存在的方法，而这种检测完全是在惯性系内部的空间局部区域进行的。我们可以在

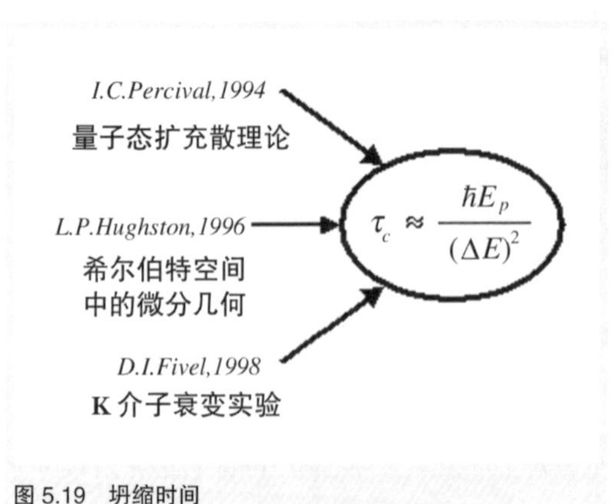

图 5.19 坍缩时间

任意选定的惯性系中测量一个已知波函数的坍缩时间[1]，然后计算出实验参照系的速度。如果这一速度为零，那么实验参照系或实验系即为绝对参照系；如果它不为零，那么我们可以在与实验系相邻近的惯性系中寻找速度值更小的惯性系，这样通过逼近法同样可以发现速度值为零的绝对参照系。

实际上，我们也可以不通过计算实验系的速度来检测绝对参照系。具体方法是：在不同的惯性系中测量同一波函数的坍缩时间，然后利用逼近法找到坍缩时间最长的那个惯性系，它便是绝对参照系。这种方法的优点在于，它与具体的坍缩时间公式无关，只要坍缩时间公式中的速度因子小于等于 1 即可（在绝对参照系中这一速度因子为 1）。值得指出的是，一些用于检验波函数动态坍缩理论的实验，如牛津大学量子光学组的叠加镜实验，已开始被设计和实施，这些实验也许可以被用来检测绝对参照系的存在。

5.8 禁令解除后的猜想

> 如果人类不一次又一次地去探求不可能的事情，那么即使可能之地他也无法达到。[1]
>
> ——韦伯（Max Weber）

一旦存在绝对参照系，那么来自相对论的最严厉的禁令将被解除。我们知道，只有超距通信过程满足相对论所要求的洛伦兹不变性时，它才导致逻辑上被禁止的因果回路（参见 5.1 节的讨论）。而上面的分析显示，相对论所要求的洛伦兹不变性并不适用于量子非定域过程，或者说，量子非定域过程不满足相对论所要求的洛伦兹不变性，并导致绝对参照系的存在。因此，基于量子非定域过程的超距通信同样不满足洛伦兹不变性，从而也不再导致逻辑上被禁止的因果回路。

---

1. 英文原文为：Man would not have attained the possible unless time and again he had reached out for the impossible.

实际上，一旦量子非定域性所要求的绝对参照系存在，将很容易理解超距通信不导致因果回路这一结论。由于所有量子非定域关联事件之间的实际因果关系将只在绝对参照系中被定义，这些事件之间的因果关系在所有惯性系中都将是相同的，而与事件发生的时序无关。因此，由相对论时空变换所产生的不同惯性系之间事件时序关系的不一致将不再导致因果回路。当然，在某些惯性系中这些量子非定域关联事件的实际因果关系将与事件发生的时序关系相反，即看上去原因将发生在结果之后。这一现象的一个有趣后果是，宇宙最高法院只能位于绝对参照系中。看来，相对论不仅没有资格限制超距通信的存在，它本身也将由于量子非定域现象的存在而被修正。那么，超距通信是否真的存在呢？量子力学，尤其是量子非定域过程，能够提供这样的机制吗？

我们知道，目前的量子理论禁止利用量子非定域过程实现超距通信。其直接依据是理论本身无法提供一种方法来测知一个未知的量子态，或区分两个任意给定的非正交量子态。这一结论在量子力学正统诠释的基础上是容易接受的，因为这种诠释基于玻尔的具有实证论倾向的互补性原理。然而，当采取客观实在性的观点之后，上述结论便显得不自然了，而必须根本触动人们所普遍持有的最基本的科学信仰，它就是最小本体论。根据这一原理，如果某种事物从根本上不可测知，它便是不存在的，反之，如果某种事物是存在的，它将可以被测知。[1] 物理学家们普遍认为量子态是一种客观存在，而根据最小本体论，存在的事物可以被测知，从而单个量子态应当可以被测知，或至少两个任意给定的量子态应该是可以区分的。于是，我们可以更清晰地看到，量子态的不可测知性和不可区分性很可能只是目前量子理论的一个特征，而不是微观实在的真实本性。

此外，目前量子理论的很多其他方面也是不能让人满意的，这些方面涉及了波函数正常演化的线性特征和波函数坍缩过程的瞬时性。贝尔的下述评论十分准确地表达出目前量子理论的现

1. 爱因斯坦正是利用这一观念摒弃了以太说，并提出相对论。

图 5.20 温伯格

状：“我完全确信：量子理论仅是一个暂时的权宜之计。”因此，禁止超距通信的实现很可能只是目前不完善的量子理论的一个特征，微观实在本身可能允许未知单粒子量子态的某种可测知性，从而允许超距通信的存在。毕竟，量子非定域性的存在已经给我们提供了足够的暗示，而且它导致绝对参照系的存在，以及超距通信不导致因果回路，这无疑为超距通信的实现进一步打开了大门。那么，超距通信如果存在，它最可能在哪里呢？

一种猜想是非线性量子力学或许可以提供实现超距通信的方法。人们普遍认为，一切描述自然规律的物理方程最终都应当是非线性的，而目前量子力学中的薛定谔方程却是严格线性的。因此，人们尝试各种方法对薛定谔方程进行（确定性的）非线性修正，其中引起广泛讨论的是美国物理学家、诺贝尔物理学奖获得者温伯格（S. Weinberg）提出的非线性量子力学方案。在非线性量子力学中，量子态的演化将不保持态的正交性，两个初始正交的态经过非线性演化后会变成非正交的。这一性质被称为移动性（mobility）。奥地利物理学家吉森最早注意到，这种移动性将会允许超距通信的实现。例如，在通常的双粒子纠缠态实验中，信息发送者可以对一侧粒子的自旋

图 5.21 吉森

沿不同方向，如垂直方向和45°方向，进行测量，以代表所发送的不同信息码“0”和“1”。这样，另一侧粒子的自旋量子态将坍缩到对应于垂直方向和45°方向的两组不同的态基。由于移动性的存在，这两组态基的演化会导致对它们自旋的测量结果具有不同的概率分布和统计平均值，于是信息的接收者就可以通过这种不同来对超距传递的信息进行解码，从而实现超距通信。实际上，正如我们在5.4节所指出的，在移动性存在的前提下，可以直接通过测量大量粒子的量子态干涉结果来实现超距通信。

图5.22　魏格纳

那么，量子力学是否需要这种确定性的非线性修正呢？答案似乎是否定的。一方面，目前的物理实验尚未探测到任何与线性量子力学的这种非线性偏离；另一方面，这一理论内部还存在很多不一致性和问题，其中最为严重的问题是演化结果与态基的选择有关，从而是不唯一的。此外，定义非线性量子力学框架还存在数学上的困难。[1]然而，这些并不能禁止非线性量子演化的可能存在。1960年代，美籍匈牙利裔物理学家、诺贝尔物理学奖获得者魏格纳（E. P. Wigner）曾猜测，意识可能为量子演化引入一种（确定性的）非线性演化成分。魏格纳引入意识的目的是为了说明测量过程，他认为意识导致的非线性演化可以说明波函数的测量坍缩过程。现在看来，波函数坍缩过程只是一种随机的非线性演化，而不是确定性的非线性演化。后来，由于魏格纳的学生泽（H. D. Zeh）所提出的退相干理论的出现，魏格纳放弃了他的想法，而认为任何观察都是一种客观的量子退相干过程，并非与意识有关。

1992年，英国物理学家斯奎尔斯（E. J. Squires）提出了一

1. 相比之下，对线性薛定谔方程的随机非线性修正（即动态坍缩理论）似乎具有更多的合理性和必要性。

种利用动态坍缩理论和意识功能实现超距通信的可能方法。[1] 他论证道，在满足一定条件的情况下，动态坍缩过程中观察者意识的参与可以测量出单个波函数的坍缩时间，并进一步区分开预先给定的两个非正交量子态，从而可以利用 EPR 装置实现超距通信。然而，斯奎尔斯的讨论是在非相对论领域内进行的，并且他的分析中隐含了一些未经证实的假设。当过渡到相对论领域时，斯奎尔斯认为相对论可能会禁止超距通信的存在。2004 年，本书第二作者独立提出了利用动态坍缩过程和意识功能实现超距通信的可能方法，并给出了相对论领域内的更完善的论证。该论证不依赖于斯奎尔斯的隐含假定和限制条件，从而提供了超距通信的本质可行性。[2]

在上述超距通信机制中，由于利用意识可以区分非正交量子态，意识在动态坍缩过程中实际上就引入了一种非线性量子演化，但不是魏格纳意义上的。如前所述，非线性量子力学最严重的问题就是演化结果与态基的选择有关，即不同的态基选择会导致不同的演化结果。那么，由意识所引入的非线性量子演化是否会解决这个问题，从而提供一个一致的理论呢？答案似乎是肯定的。[3] 我们知道，对于观察者的意识而言，存在一个特殊的态基空间，其中态基为确定的意识感知态。由于意识只在态基空间中才是确定的，而只有确定的意识才具有上述的非线性演化效应，因此，意识的非线性演化将只在它选择的态基空间中进行，从而这种非线性演化的结果将是唯一的。这便解决了非线性量子演化的关键问题，即演化结果与态基选择有关。正是由于意识选择了唯一的态基空间，它的非线性量子演化才是一致的，并因此可以存在。当然，为了建立一套完整的非线性量子力学形式，可能需要不同于希尔伯特空间的新的数学描述框架，如量子力学的三矢推广形式等。

---

1. E. J. Squires， Phys. Lett. A， 163 (1992) 356-358。
2. S. Gao， Found. Phys. Lett， 17(2) (2004) 167-182。
3. M. Czachor 曾讨论过这个问题，可参见文献 PPP quant-ph/9501007。

尽管在量子测量问题中谈及意识并不是什么新鲜事，但是让意识真正进入物理学，尤其是基于意识实现超距通信，似乎还是让人难以接受。当然，这里所介绍的只是一个有趣的猜想，一切最终都取决于实验的判决。超距通信可能存在，也可能不存在。你的意见呢？

第六章 掷骰子的上帝

Entanglement

最终，我们必须能将这一切解释给玛格丽特听。[1]

——玻尔，话剧《哥本哈根》

在微观世界中，粒子由于相互作用不断发生量子纠缠，而当这种作用延伸至宏观物体（如测量仪器）时，由于波函数坍缩过程的发生，即使最紧密的量子纠缠也将被解开。在这一坍缩过程中，非连续性被释放出来，从而产生了宏观测量结果之间不可思议的非定域关联。关于这些事实，我们已经了解了很多。但是，我们只有抽象的概念和符号，却没有真实的物理图像。即使量子力学的创立者薛定谔也曾抱怨说："人们一直怀疑原子过程是否可以在时空中描述。从哲学观点来看，我认为结论性的否定回答等于完全的放弃。原因在于，我们无法真正避免基于时空的思考方式，而我们不能在时空中理解的东西，我们根本就无法理解。"的确，人们最终还是要去追问：应当如何理解这些不可思议的现象呢？这一切究竟意味着什么呢？

---

1. 玛格丽特是玻尔的妻子，她也是记录玻尔和其他科学家讨论的秘书。在这里玛格丽特代表普通人。

现在，摆在我们面前的两类相冲突的事实：其一是微观客体（如原子）的不确定性表现；其二是我们感觉的确定性存在。前者已由大量有关微观粒子的干涉实验所精确证实，后者则为我们清醒时的自我感知所不断确证。而从不确定到确定的过渡过程必然是非连续的，正如测量过程中所发生的波函数坍缩一样，它将产生爱因斯坦所说的“幽灵般的超距作用”。由于这一过程本质上是动态的，即使对于微观粒子而言，它实际上也在不断发生，尽管极其微弱。因此，非连续性应当是整个世界的一个普遍特征，而它很可能也是解开量子纠缠之谜的金钥匙。美国物理学家惠勒曾问过一个看似天真的大问题：“为什么有量子？”（Why the quantum?）本章中我们将给出一个可能的答案，那就是：因为非连续性是自然的本性。[1]

6.1 被冷落的非连续性[2]

在20世纪之前，人们一直认为自然过程，如我们所感觉到的，是连续的，并且如经典力学所显示的，符合因果决定论规律。然而，1900年的一次不情愿的发现却打破了人们的经典美梦，非连续性从此进入人们的思想视野，并开始困扰和折磨试图接近它的每一个人。

1900年，普朗克在热辐射过程的能量变化中第一次发现非连续性（以普朗克常数表征），然而，他却不愿接受这种似乎不自然的非连续性，并一直试图用熟悉的连续性来取代它。这种努力持续了近15年的时间，但终归于失败。1905年，爱因斯坦首先意识到普朗克发现的重要性，并大胆提出辐射本身的能量就具有分立性，这是他一生中最具革命性的思想。然而，尽管爱因斯坦最早窥见非连续性的真实存在，他却不愿看到它所引起的对

1. 本章中的部分观点是本书第二作者的个人观点。更详细的讨论请参见《上帝真的掷骰子》。

2. 本节内容节选自《量子》，略有改动。

因果性的破坏，最终爱因斯坦也疏远了非连续性，并时常以“上帝不掷骰子”这句牢骚话来表示对它的不满。

图 6.1 普朗克

第一届索尔维会议（1911 年）之后，更多的物理学家开始关注辐射过程中所存在的非连续性，其中尤以彭加勒的努力最让人感动，时已年迈的他决心认真对待非连续性的存在。彭加勒分析了辐射过程的非连续性对物理规律的描述所可能施加的限制，并考察了辐射运动规律中包含非连续性的可能性。这些分析是人们试图接近非连续性的最初努力。

1913 年，玻尔在原子过程中再次发现非连续性，并且是更直接的运动的非连续性。根据他的原子理论，电子只能存在于原子核外的分立的轨道上，并具有分立的能量，而电子在不同轨道间的运动或跃迁是本质上非连续的。玻尔理论让人们看到，非连续性也存在于其他自然过程中，并涉及与辐射相对应的物质粒子（如电子），尽管这种非连续性只是偶尔才出现。

1925—1926 年间，在经过了 1/4 个世纪的不懈努力之后，人们终于建立了一套完整的非连续性的力学——量子力学，它可以统一地处理所有涉及微观过程的问题。然而，令人不解的是，这套理论竟然对非连续性只字未提！它的主角是连续的波函数，而波函数的演化也遵循连续的薛定谔方程。不久后人们发现，为了使这个理论有意义，必须假设波函数在测量时发生了非连续的瞬时坍缩。于是，非连续性依然存在，尽管只是在由测量引起的波函数坍缩中才存在。但是，波函数是什么呢？测量应如何定义

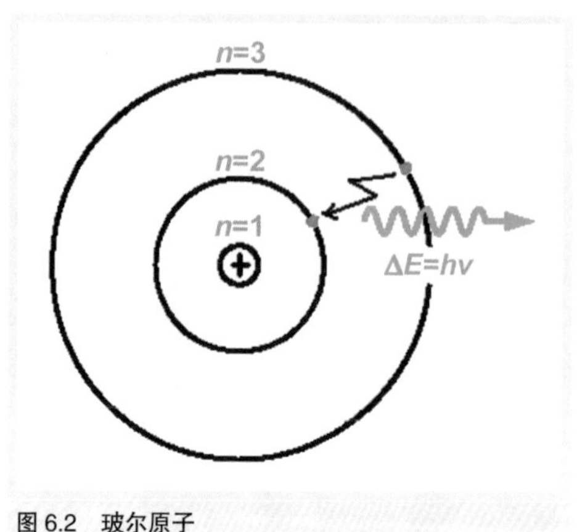

图 6.2　玻尔原子

呢？波函数坍缩又是一个怎样的过程呢？遗憾的是，人们一直为这些问题争论不休，至今仍没有一个满意的答案，而非连续性也就从此没有了着落，不得不到处流浪。

为了更清楚地了解非连续性的境遇，让我们看一看教科书中的正统观点，即玻尔等人提出的量子力学的哥本哈根解释。这一解释的核心是互补性原理，它断言不再存在独立于观察的实在的粒子运动，只有实验结果是真实的，人们只能通过互补性图像来理解这些结果之间的联系。于是，正统观点便轻易地将非连续性从微观粒子的运动中驱赶出去，因为根本就不存在这种运动。鉴于宏观物体的运动被认为是显然连续的，在正统观点中非连续性似乎已没有了安身之所。然而，出人意料的是，玻尔在提出互补性原理的同时，却仍将非连续性作为量子理论的精髓而反复强调，[1] 但言必谈测量的他只能将非连续性安置在对原子过程的观察中，并且断言这种非连续性是本质上不可分析的。可惜的是，由于正统观点仍不能为测量提供一个前后一致的说明，即使这一点点仅存的非连续性实际上也是模糊不清的。

由于哥本哈根解释的出现，人们便逐渐淡忘了非连续性最初给他们带来的惊愕与困惑，以及他们想建立一种真正的非连续性力学的雄心壮志。尽管玻尔对连续性的反叛是最为彻底的，然而他的哲学偏激却最终使非连续性消失在互补性的迷雾之中。看来，尽管爱因斯坦的牢骚更使人印象深刻，但却是玻尔的互补性最终

1. 玻尔反复强调，量子论的精髓可以通过一条量子公设来表示，即任何可以直接观察的原子过程都包含着一种本质性的非连续性要素。它完全起源于经典概念之外，可以用普朗克作用量子来表示。

挡住了人们试图接近非连续性的实在道路。

1900 年，非连续性开始登上科学舞台，并很快成为最受关注的思想主角。然而，一个世纪后的今天，它却成了一个被冷落的流浪者，几乎消失在人们的视野中。关心它的人能做些什么呢？为了找回非连续性，我们必须首先找到真实的运动。

6.2　溯本求源

亚里士多德有句名言：不了解运动，就无法认识自然。的确，运动是人类永恒的探究主题。生活在约 2 500 年前的古希腊哲学家芝诺是第一位认真思索运动谜题的人。他设想了很多关于运动的悖论，其中最有名的一个是飞矢悖论。

设想一支飞行的箭。在每一时刻，它位于空间中的一个特定位置。由于时刻只是一个时间中的点，箭在每一时刻都只能是静止的。鉴于整个运动期间都由一个个的时间点组成，而每个时刻箭都是静止的，所以，芝诺断定，飞行的箭总是静止的，它不可能在运动；箭的运动只是一种幻象。上述结论也适用于时刻有持续时间的情况。对于这种情况，时刻将是时间的最小单元。假设箭在这样一个时刻中运动了，那么它将在这个时刻的开始和结束位于空间的不同位置。这说明时刻具有一个起点和一个终点，从而至少包含两部分。但这明显与时刻是时间的最小单元这一前提相矛盾。因此，即使时刻有持续时间，飞行的箭也不可能在运动。总之，飞矢不动。

飞矢悖论的标准解决方案如下：飞矢在每个时刻都不动这一事实不能说明它是静止的。运动与时刻里发生什么无关，而是与时刻间发生什么有关。如果一个物体在相邻时刻处于相同的位置，那么我们说它是静止的，否则

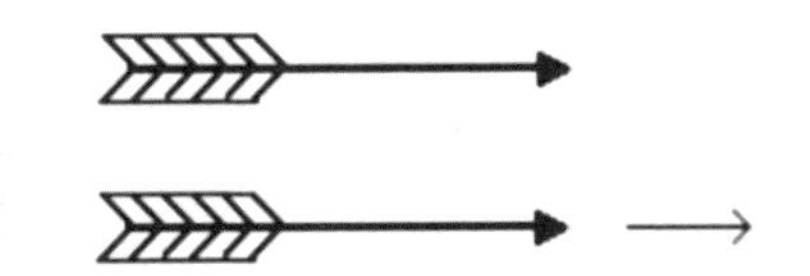

图 6.3　飞矢悖论

它就是运动的。这种观点被称为关于运动的“在－在”理论。[1]因此，由于飞矢在不同时刻处于不同的位置，它无疑在运动。我们通常认为运动的物体应当在每个时刻都运动，而运动的实际图像却是，运动的物体在任何时刻都不运动！这一结论是十分反直觉的。但是，它揭开了运动的第一个秘密；正如英国哲学家罗素所清楚表述的：“运动只是在不同时刻占有不同位置。”

运动的存在性是一个可靠的经验事实。芝诺的飞矢进一步教导我们，运动只是物体在不同的时刻处于不同的位置。因此，物体的运动非常类似于电影——物体处于一个位置正是电影中的一个画面。那么，物体从一个位置到另一个位置的变化究竟是怎样的呢？也许很多人会不假思索地说，肯定是连续的。然而，正如赫拉克利特所言，自然总喜欢隐藏起来。很可能，真实的运动隐藏了起来，而连续运动只是它的影子，只是一种幻象，正如柏拉图的洞穴寓言所暗示的。当我们看电影的时候，我们也认为电影中的物体是完全连续地运动。但实际上，每部影片都是由一组离散的照片组成，它们被投影到屏幕上并以极快的速度（一般每秒24帧）依次放映。由于我们无法分辨这样快的变化，电影便可以产生出连续运动的视觉错觉。类似地，我们关于连续运动的感觉经验可能也会欺骗我们。还有，我们只见过宏观物体的表观运动，它看起来是连续的。而那些无法用肉眼观察到的微观粒子的运动又是怎样的呢？还记得双缝实验吧，如果只有粒子本身而没有其他东西（如玻姆的信息场），它根本无法用连续运动的图像来解释。

图6.4 视觉错觉

1. 英文为“at-at”theory of motion。

不管怎样，运动就是位置的变化。如果能找到这种变化的真实原因，我们就能发现物体究竟如何运动。这是一个简单而美妙的想法，也许它会将我们直接引向真实的运动。

图 6.5 亚里士多德

亚里士多德是第一个从根本上探寻运动起源的人。他认为外力是运动的原因，没有力就没有运动。尤其是，运动需要力来维持；运动物体只有在外力引发它运动时才能继续运动。这种观点是易于理解的，因为它符合因果性常识，即没有原因就没有结果。然而，亚里士多德的理论与经验并不一致。例如，箭在弓不再推进的情况下可以继续运动。为了消除解释持续运动的困难，中世纪学者布里丹提出了冲力理论。布里丹认为，抛射体持续运动不是因为它被周围空气推动，而是因为发射装置将力传给了抛射体。这种物体内部的力被称为冲力。因此，根据布里丹的理论，冲力是运动的原因。没有外力时发生的运动是由一种内力，即冲力来维持。这种冲力可由启动运动的外部推动者传递给运动物体。

冲力理论在牛顿力学出现之前非常流行。实际上，牛顿也曾经是它的拥护者，他称之为物体的力。冲力理论的不可思议的流行说明它必然有合理的成分。首先，这种理论可能源自于每个人肌肉运动的知觉经验，而且似乎也与其他关于运动的日常经验相一致；其次，冲力理论是自然的、易理解的。运动涉及位置的变化，而根据因果性原理变化就要有原因。因此，运动必然有原因。对于持续运动，如箭的飞行，由于在运动方向上不存在外部推力，就必然存在一个内部推动力使物体在此方向上运动，它就是冲力。

图6.6 牛顿

因为位置变化对于运动来说是根本的，上述论证似乎是有道理的。

然而，冲力理论也与经验不一致。一个明显的例子是雪橇乘坐者在持续运动过程中并未感觉到冲力。此外，冲力理论也无法说明运动的相对性或运动与静止的等价性。正是对这种等价性的思考促使牛顿最终将冲力转变为惯性，并进而引发了物理学中的牛顿革命。在牛顿的世界中，运动和静止是等价的。一个物体能够保持它的运动，正如它可以保持静止一样。不需要力来维持物体的运动，运动的物体具有一种惯性使它保持运动的状态。这一假设被称为惯性定律或牛顿第一运动定律。惯性定律与宏观经验符合得很好，而且似乎也合乎逻辑，甚至是自明的。一个自由运动的物体应当保持它的速度，因为没有原因导致它速度的改变。因此，它必定沿直线以恒定的速度连续地运动，正如惯性定律所要求的那样。但是，惯性定律完全揭开了运动起源之谜吗？

图6.7 惯性定律

根据牛顿的观点，力不是运动的原因，而是运动变化的原因。运动本身无须因果解释；一个自由运动的物体之所以能够持续运动是因为它具有惯性，从而可以保持它先前的运动。然而，这里有一个隐藏的陷阱。让我们回想一下芝诺的箭。它已经告诉我们，运动本质上就是物体在不同时刻处于不同的位置，而在每个时刻并没有运动。因此，物体实际上在任何时刻都没有运动可以保持；运动和它的速度根本就不存在于时刻。[1] 于是，牛顿的观点并不完全正确。在某种意义上，惯性观念将人们的注意力从（作为运动的根本特征的）位置变化转移到（只是运动表观特征的）速度变化。结果，它回避了运动原因的问题，并因此掩盖了运动的真实图像。

尽管牛顿对惯性运动的解释不正确，他的发现却可以引导我们找到正确的答案。根据牛顿力学，外力和内力都不是运动的原因。因此，只存在一种可能性，那就是：运动没有原因。事实上，没有原因决定物体的位置如何变化。[2] 这是一个新发现。看来，提出一个正确的问题比解决一个错误的问题更为重要。运动的原因是什么？自牛顿以来，似乎没有人认真问过这个问题。然而，正是这个看似天真的问题将我们引向运动的真实起源。出乎人们的预料，答案很简单：运动没有原因。

图 6.8　运动没有原因

1. 在经典力学中，物体的瞬时速度定义为一段时间内的平均速度的极限。因此，速度本质上不是物体的瞬时的内在性质。

2. 关于这一结论的严格论证可参见 S. Gao，*Quantum Motion: Unveiling the Mysterious Quantum World*（Bury St Edmunds，Suffolk UK: Arima Publishing，2006）。细心的读者可能会注意到，运动没有原因明显违反因果性原理。根据这一原理，没有原因就没有结果或变化发生。关于这一问题的深入讨论可参见 S. Gao，*God Does Play Dice with Universe* (Bury St Edmunds, Suffolk UK: Arima Publishing, 2008)。

现在我们发现，任何物体都不是惰性的，而是本质上能动的。惯性运动只是物体的表观运动。实际上，一个自由的物体从一个位置到另一个位置的变化不需要理由。那么，这种没有原因的运动会是怎样的呢？

6.3 王者归来

我们首先考察自由物体的运动。物体于一个时刻处于空间中的一个位置，而在下一时刻它自发地出现在空间中的另一个位置。物体的位置在不断变化，但没有原因决定它如何变化。因此，物体在每个时刻都不“知道”如何运动，从而只能完全随机地运动。的确，没有任何原因导致它以某种特别的方式运动。这一推理是符合逻辑的。如果一个变化由某个原因所引起，那么此变化将由这个原因以一种有规律的方式决定；反之，如果一个变化的发生没有原因，那么这个变化只能是无规律的、随机的。因此，自由物体的运动必定是本质上随机的。我们再次强调，物体没有速度可以保持以决定位置的变化。于是，自由物体真的“不知道”它该向哪个方向运动，从而只能以完全随机的方式运动。

位置的随机变化意味着不同时刻的位置之间是相互独立的。例如，物体于一个时刻处于空间中的一个位置，而在另一时刻它随机地出现在空间中的另一个位置。这个位置很可能与原来的位置不相邻。因此，物体的轨迹将不是连续的，而是非连续的。由于位置的变化一直是随机的，物体的运动轨迹将是处处非连续的。这样，物体总是从一个位置直接运动到另一个位置而不经过中间位置。总之，自由物体的运动本质上是非连续的、随机的。

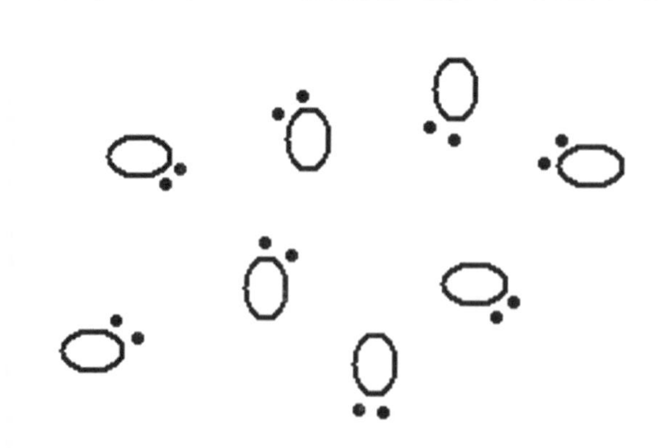

图 6.9　我不知道如何运动

其次，我们考察外力影响下的物体的运动。外力能够决定物体每个时刻的位置，从而将随机的非连续运动改变为确定性的连续运动吗？答案是否定的。原因在于，完全随机的过程本质上无法转变为决定论的过程。如果外力不是随机的，那么很明显在此外力影响下物体的运动仍然是随机的；另一方面，如果外力也是随机的，那么由于两个随机过程的混合仍然导致新的随机过程，在此外力影响下物体的运动也将是随机的。因此，物体在外力影响下的运动仍然是非连续的、随机的。

总而言之，运动没有原因，从而它必定是随机的。物体实际上是以一种随机的、非连续的方式在运动。因此，上帝真的掷骰子。爱因斯坦曾经坚定地发过誓："在那种情况下，我宁愿做一个补鞋匠，或者甚至做一个赌场里的雇员，而不愿意做一个物理学家。"但是，如果爱因斯坦知道存在一条通往随机运动的逻辑之路，他一定会收回誓言而乐于做一个物理学家。的确，为了了解上帝的思想，我们需要逻辑。从普通的运动现象（如箭的飞行）出发，我们所利用的只是简单的逻辑，而所到达的却是运动的真实图像；箭以一种随机的、非连续的方式在飞行。

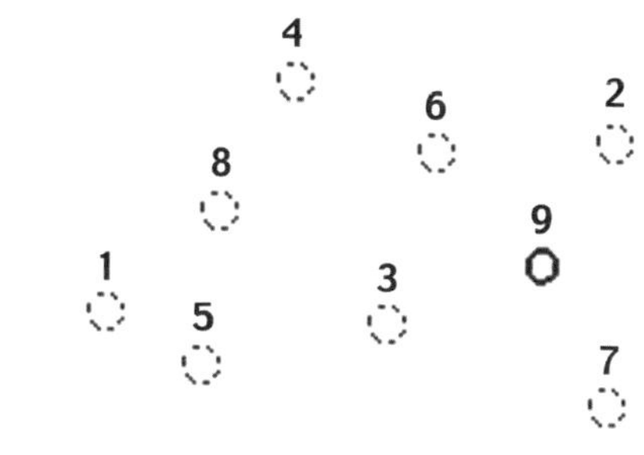

图 6.10　非连续运动

为了使随机非连续运动（以下简称为非连续运动）易于理解，有必要进一步回答两个问题。第一个问题是，这种运动如何能与我们关于连续运动的宏观经验相一致。如果物体的运动本质上是非连续的、随机的，为什么宏观物体的运动看起来却是连续的呢？这个问题的完整答案需要详细的分析，这里我们先给出一个直观的解答。问题的关键在于，对于宏观物体，

图 6.11　上帝真的掷骰子

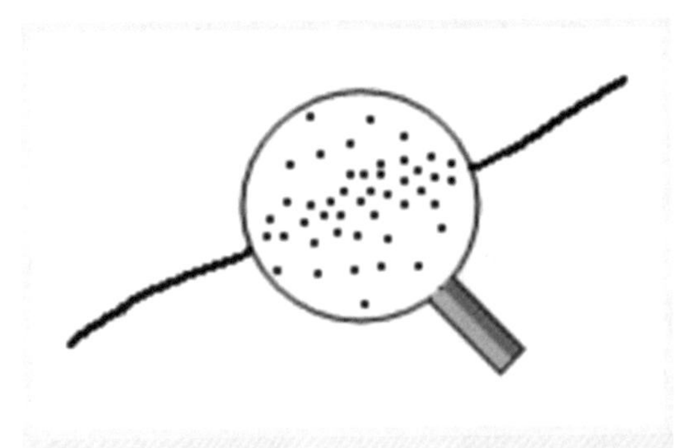

图 6.12 连续运动幻象

非连续运动通常发生在极短的时间和极小的空间中。这样，大量微小的非连续运动将会产生出连续运动的平均表现。此外，非连续运动的规律也将有助于产生连续运动的幻象。因此，宏观物体的运动看起来是连续的。

另一个问题是关于非连续运动的表现本身。毕竟，在宏观世界里我们从未见到过这种奇怪的运动。如果运动本质上是非连续的、随机的，那么在哪里可以更直接地发现它呢？如我们已经看到的，微观粒子的双缝实验已清楚地显示出运动是非连续的。此外，在微观世界中到处都可以见到运动的随机性；最早被发现的是原子衰变现象，而今天粒子探测器的每次咔嗒声正是上帝掷骰子的美妙声音。实际上，在日常生活中我们也会见到随机运动，那就是光通过玻璃或水面的部分反射现象。

现在，久违的非连续性终于王者归来！原来，它就隐藏在自然永恒的运动变化之中。那么，这个非连续运动的世界究竟是怎样的呢？在那里会找到量子纠缠之谜的答案吗？

新双缝实验

自量子力学建立以来，关于微观粒子如何通过双缝的问题一直未被实在地解决。尽管正统观点认为它已提供了满意的答案，但答案中并未给出粒子通过双缝的客观运动图像，实际上，这一图像的存在已为正统观点所否定。这里，我们将利用新的实验方法测量出粒子通过双缝的客观运动图像，结果将证实非连续运动的真实存在。

我们以电子双缝实验为例。[1]如图 6.13 所示，电子源在每次实验中只发射一个电子，通道 w_1 与 w_2 关于源对称，并与双缝相连。可以看出，如果电子的运动是非连续的，那么为了产生干涉图样它将会非连续地同时通过两条缝，[2]而不是只通过一条缝。

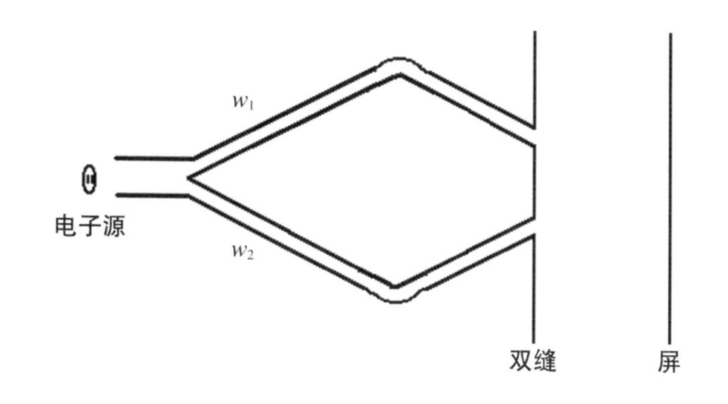

图 6.13　电子双缝实验

让我们先看一看通常的测量能否显示出电子的运动是非连续的。正如玻尔所做的，人们一般在双缝处放置一个位置测量装置，如电子探测器，以便测量出电子究竟通过哪条缝。然而，由于波函数坍缩过程的发生，这种测量只能显示出电子的时刻位置，即使在一条缝处发现了电子，我们也不能说电子就一定只经过这条缝；而且更糟糕的是，这种测量还将破坏掉双缝干涉图样，从而测量结果很难反映电子的实际运动情况。因此，通常的测量方式无法测量出电子实际通过双缝的运动情况。

图 6.14　阿哈朗诺夫

幸运的是，阿哈朗诺夫等物理学家于 1993 年提出了一种新的测量方法，他们称之为保护性测量。[3]利用这种测量方法，如果预先知道粒子的波函数，并采取一定的保护性措施，就可以在不破坏波函数的前提下测量出粒子的实际运动情况。由于在双缝实验中电子的波函数是已知的，因此原则上可以采取相应的保护性措施，使我们既可以测量出电子的真

1. 这里讨论的基本是思想实验，在技术上目前还很难实现。

2. 这里的“同时”并不是指同一时刻，而是指电子通过双缝的那段很短的时间。

3. 关于保护性测量的详细介绍请参见《量子运动与超光速通信》。

实运动情况，又不破坏电子的波函数，从而也不破坏双缝干涉图样。我们看一看这是如何实现的。

实验设置如图 6.15 所示，在通道 w_1 与 w_2 的中间分别做一个可束缚电子的量子阱，要求电子可以在阱中停留足够长的时间以保证测量的完成；同时，在通道 w_1 与 w_2 之间连接一根极细的微管作为保护势，以保护电子的波函数在测量中不会发生坍缩。然后，我们就可以用一种高精度的电荷测量仪对每个量子阱中的有效电荷进行较长时间的绝热测量[1]。根据保护性测量原理，测量结果将显示每个量子阱中的有效电荷都为 $e/2$（e 为电子电荷）；同时，量子阱中的电子状态也不会被破坏，当电子离开量子阱并通过双缝后仍可以形成双缝干涉图样。

上述测量结果显示出，在测量时间内电子以相同的位置分布密度处于两个量子阱中。由于（在实验允许的范围内）对于不同的测量时间，每个量子阱中的有效电荷都为 $e/2$，即电子在每个量子阱中总是停留相同的时间，因此，电子在每个量子阱中停留的时刻集必定是非连续的稠密集。于是我们发现，电子在两个量子阱中的运动的确是非连续的，而由于上述测量没有破坏电子的运动状态，这种非连续运动正是电子经过两个通道时的实际运动图像。

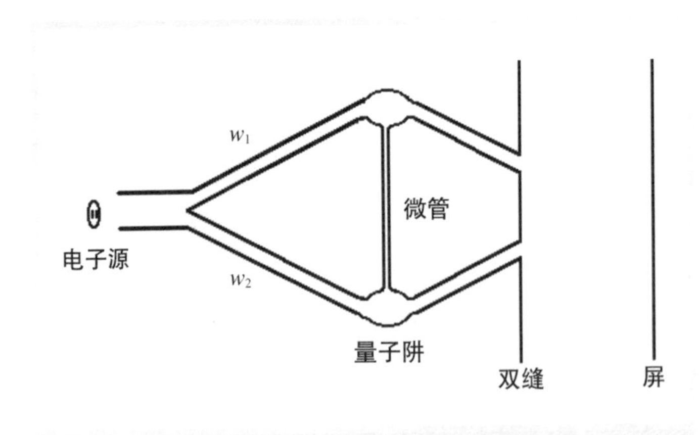

图 6.15　保护性测量

面对不可思议的双缝实验，相信实在性的人们一直在追问，“但是，粒子究竟是如何通过双缝的呢？”现在，新双缝实验或许可以给出一个确定的答案，那就是：粒子是非连续地同时通过双缝的。

1. 绝热测量是指测量过程进行得足够缓慢而使引入的耦合能量近似为零。

6.4 粒子云

下面我们将给出一幅上帝在原子世界中掷骰子的物理图像。在这幅图像中，微观粒子不再是一个局域的粒子，而是一朵粒子云。此外，粒子云的不同分支还可以像波一样叠加干涉。而量子力学中的波函数和薛定谔方程可看作是对粒子云及其演化的精确描述。

粒子的运动本质上是非连续的、随机的。从粒子的角度看，它具有一种处于任何可能位置的倾向性。粒子在一个时刻处于空间中的一个位置，而在另一时刻它会随机出现在另一个很可能不相邻的位置。这样，粒子可以从一个位置直接跳到另一个位置，而不必经过中间位置。这是一幅粒子运动的时刻图像。在这幅图像中，粒子像一个生命体一样总是不停地在运动。它到处游荡，好像有自己的意志。

现在，让我们打开时间之窗，看看一段时间内的粒子运动图像。这一图像对于我们深入理解粒子运动及其规律至关重要。在这幅图像中，尽管粒子的随机活性隐藏了起来，但是它将有更奇异的表现。粒子在每个时刻只处于空间中的一个位置，而在包含无穷多时刻的一段时间内，粒子的位置将在时空中形成一个点集，其中每个点代表粒子在每个时刻所处的位置。由于粒子运动的本质随机性，这个点集是随机的、非连续的，并且通常遍及整个空间。很明显，点集中每个位置处的点密度表示粒子在那个位置处出现的相对频率。粒子在某个位置出现得越频繁，这个位置处的点密度就越大。如果时间间隙非常小甚至无穷小，上述非连续点集将精确表示粒子的运动状态。利用法国数学家勒贝格建立的测度理论，这个点集可以在数学上严格地描述。它的完全描述为位置测度密度和位置测度流密度。前者描述点集的点分布密度，后者描述这种密度分布随时间的变化率。

粒子运动的直观图像是：表征运动状态的点集在空间中延展，像一朵云。作为一种简明而形象的描述，我们称这种点集为粒子云[1]。从现在开始，我们将用新的粒子云语言来讨论粒子的运动。考虑到粒子在一段时间内的运动图像，它不再是通常认为的局域的粒子，而是一朵非局域的粒子云。严格地说，这朵云由粒子在无穷小时间间隙内的非连续运动所形成，云中的点代表粒子的时刻位置。因此，粒子云可以形象地表征粒子的运动状态。尤其是，粒子云的密度正好表征了粒子出现的频率。粒子在某个区域出现得越频繁，粒子云在那个区域的密度就越大。

一般的粒子云通常具有非均匀的密度分布，并且粒子云的不同部分一般具有不同的运动速度。因此，它们的形状将随运动不断变化，并且粒子云还会不断扩散开来。粒子云的局部运动可以用流密度来描述，它等于密度与局部速度的乘积。密度分布和流密度分布（对应于点集的位置测度密度和位置测度流密度）提供了对粒子云的完备描述。这非常类似于流体力学中对流，如水流和气流的描述。尽管微观粒子的尺寸非常小，但由它们的运动所形成的粒子云却可以具有宏观尺寸。例如，来自遥远恒星的光子云像一个很宽很薄的圆盘。它的宽度可以从几厘米到几千米不等，尽管它的厚度比肥皂泡的厚度还薄。相比之下，来自太阳的光子云的宽度只有毫米量级。

作为一个熟悉的例子，在氢原子中，由于电子进行非连续运动，它可以处于一种稳定的运动状态，而不会像经典世界中那样很快落入原子核中。电子的这种稳定状态即静态的电子云。这些电子云具有形状各不相同的密度图案，对应于电子具有不同的分立能量。电子云的密度表示电子出现的频率，电子云稠密的地方电子在那里出现的频率就越大。请注意，“电子云”这一名称早已出现在教科书中，并且为物理学家和化学家所广泛采用，但它的意义与这里的有本质的不同。教科书中所说的电子云只是一种非真实的概率云，它的密度正比于电子在那里被发现的概率密度。当然，如果你熟悉概率云，你会更容易理解电子云的真实图像，因为它们具有相同的密度图案。

1. 在高能物理学中，粒子云通常指大量粒子组成的系综。

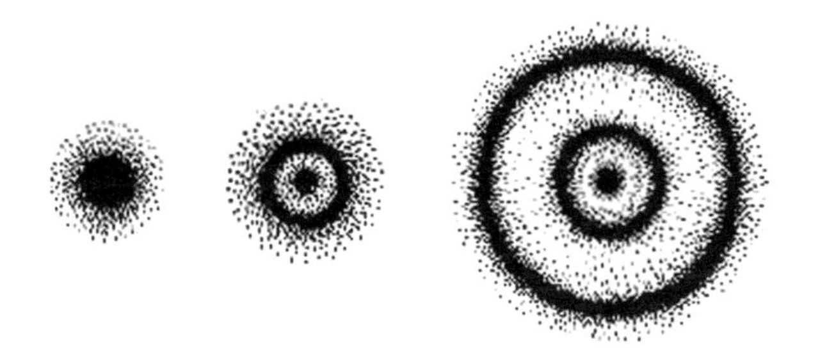

图 6.16 氢原子中的电子云

进一步的分析显示，两个具有均匀密度分布但速度不同的粒子云分支可以叠加形成具有周期性密度分布的非均匀的粒子云。这非常类似于两列行波叠加形成驻波的情况，而叠加的粒子云的确很像驻波。这一结果暗示了粒子云具有类波特征。可以看出，粒子的类波特性本质上源于其运动的非连续性。如果运动是连续的，两个速度态的叠加将是速度直接相加的状态。因此，对于进行连续运动的单个经典粒子而言，根本不存在波动特性。事实上，连续运动本质上是局域的。例如，连续运动的经典粒子无法像波一样同时通过两条缝。相比之下，由粒子的非连续运动所形成的粒子云则可以轻易地同时通过双缝，并且通过后的两个粒子云分支还可以像波一样叠加干涉。

通过探查粒子云的构造还可以进一步发现粒子云演化的可能规律。在粒子云内部，粒子在一个时刻只处于空间中的一个位置，而在（包含无限多时刻的）无穷小时隙内粒子则随机、非连续地跳跃，遍历粒子云所及的整个空间区域。因此，局域性和非局域性同时存在于粒子云中。相应地，存在两类基本粒子云：局域基和非局域基。非局域基具有确定的速度或动量，并且以均匀的密度分布遍及整个空间。局域基则是聚集在一个确定位置的粒子云。在量子力学中，它们分别被称为位置基和动量基。每个粒子云都可以通过位置基的某种叠加形成，也可以通过动量基的某种叠加形成。这意味着粒子云具有两种等价的构造：一种基于局域的位置基，另一种基于非局域的动量基，而在它们之间存在一一

图 6.17　傅立叶

对应关系。对于粒子云的描述来说，数学上可以构建一个基于密度分布和流密度分布的集成描述。这样，一一对应关系就可以直接由集成的位置描述和集成的动量描述之间的变换来表示。基于对称性考虑，初步的数学分析显示，这一变换很可能就是用于分析周期性现象和波动问题的傅立叶变换[1]。

一旦找到位置和动量之间的傅立叶变换，我们将可以推导出粒子云的集成描述及其演化方程。

粒子云的演化

一朵粒子云向一个势垒运动过去。粒子云以波包形式表示，势垒则像一堵墙。粒子云的演化满足薛定谔方程。可以看出，粒子云的大部分被反射回去，但仍有一小部分透过势垒墙。这一穿透过程通常被称为量子隧道效应。在现代电子器件和电子产品中，这种过程几乎无处不在。想象一下吧，当你聆听收音机中播放的美妙音乐时，那些粒子云的小波包正在穿过势垒，默默无闻地为你工作。

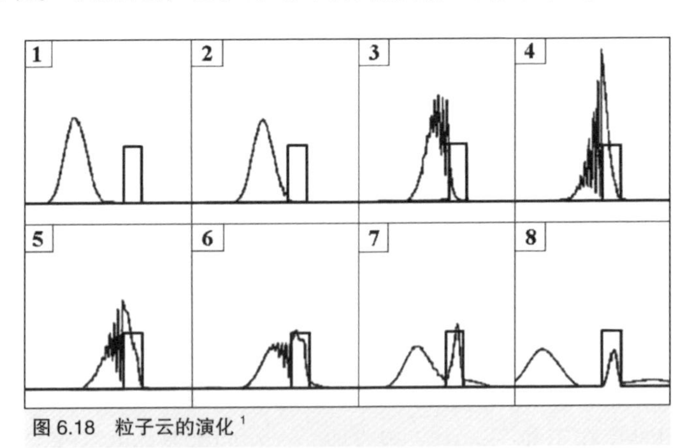

图 6.18　粒子云的演化[1]

1. 此图引自席夫的量子力学教科书。参见 L. I. Schiff, *Quantum Mechanics*（New York: McGraw-Hill, 1968）.

1. 具体数学分析可参见 S. Gao, *Quantum Motion: Unveiling the Mysterious Quantum World*（Bury St Edmunds, Suffolk UK: Arima Publishing, 2006），但目前还没有严格的数学证明。

为了方便起见，我们也称这个集成描述为波函数，它由粒子云的密度和流密度组合而成；波函数的幅度为粒子云密度的平方根，而波函数的相位是流密度除以密度的商（即粒子云的局域速度）的空间积分。这样，波函数作为密度和流密度的精致的数学复合体，也提供了对粒子云的完备描述，或者说，提供了对粒子非连续运动的完备描述。此外，这个波函数的演化方程与量子力学中的薛定谔方程具有相同的形式。

因此，量子力学中的波函数所描述的很可能就是粒子运动所形成的粒子云，这种运动是本质上随机的、非连续的。而薛定谔方程也是这种非连续运动的演化方程，正如牛顿方程是假想的连续运动的方程一样。

6.5 纠缠的图像

似波性的确是非连续运动的一个令人惊奇的性质：微观粒子竟然像波。但更令人惊奇的是，两朵粒子云可以通过时间分割的形式相互纠缠而形成一个不可分的整体，并且无论它们分离多远这种整体性也不会减弱。这不正是量子纠缠现象吗？它意味着宇宙并不是一个独立存在物的简单集合，而是一个基于时分形式的不可分的整体。我们将看到，当一个粒子遇到另一个粒子，它们立刻成为一对分不开的“情人”。

我们以两个相互纠缠的电子为例，它们的双人舞绝对让人惊叹。假设两个电子开始时相互独立。电子 1 处于一种定态，它的粒子云有两个分支 A 和 B，以相同的密度分布在两个分离的空间区域中。这意味着电子 1 在这两个区域中以随机非连续的方式“跳来跳去”。电子 2 的粒子云沿两个区域的中间分隔线自下而上运动。在两个电子之间存在一种斥力，即电荷间的库仑力。当电子 2 接近电子 1 时，它们之间开始有显著的相互作用。

由于运动所固有的非连续性，两个电子将形成一个新的整体。其形成过程如下：当电子 1 在某些时刻位于左边粒子云分支 A 时，由于电子间的斥力它会使电子 2 稍微偏向右边运动（由于电子 1

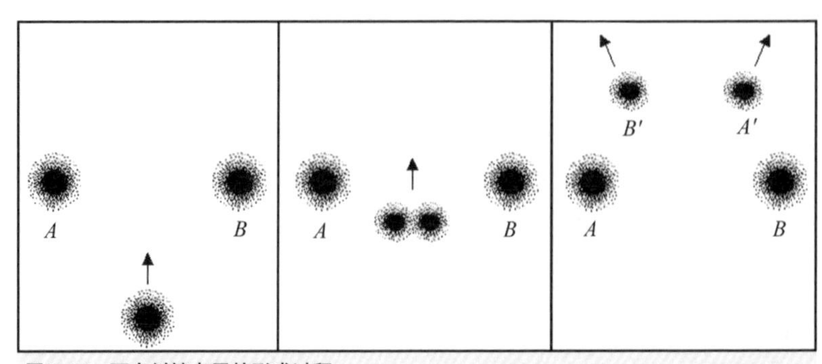

图 6.19　两个纠缠电子的形成过程

被束缚在定态，它在相互作用过程中并不显著移动）；类似地，当电子 1 在其他时刻位于右边粒子云分支 B 时，电子间的斥力会使粒子 2 稍微偏向左边运动。于是，当电子 2 通过电子 1 的区域后，它的粒子云将被分开为两个分支 A' 和 B' 。现在，一个不可分的整体便形成了，其中电子 2 的分支 A' 和 B' 与电子 1 的分支 A 和 B 纠缠起来。无论何时，当电子 1 在 A 分支时，电子 2 一定在 A' 分支；而当电子 1 “跳跃” 到 B 分支时，电子 2 一定也同时 “跳跃” 到 B' 分支。这样，这两朵电子云以最紧密的形式纠缠在一起。

可以看出，这两个纠缠电子以时间分割的形式存在。在某些时刻（如图 6.20 中的时刻 1，4，5），电子 1 和 2 处于分支 A 和 A' 中。这些时刻组成一个非连续的稠密时刻集。而在其他时刻（如图 6.20 中的时刻 2，3，6），电子 1 和 2 处于分支 B 和 B' 中。这些时刻组成另一个非连续的稠密时刻集。这两个稠密时刻集可以称为时间子流，它们合起来组成一个完整的时间流。似乎整个世界被时间分割为许多子世界，每个子世界只占用连续时

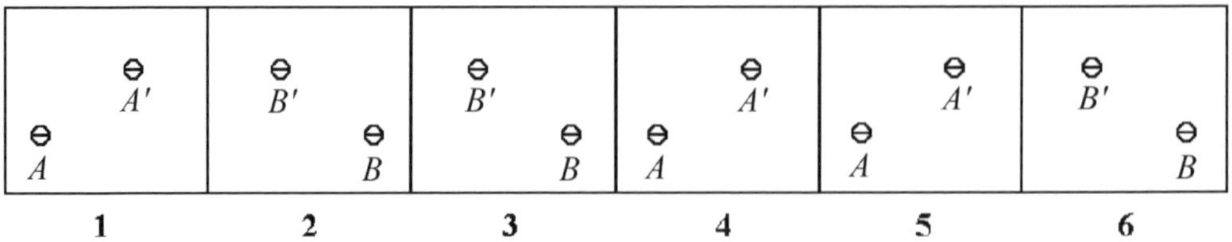

1	2	3	4	5	6
A', A	B', B	B', B	A', A	A', A	B', B

图 6.20　两个纠缠电子于六个相邻时刻

间流的极小部分，而其占用方式是完全随机的、非连续的。

类似于对单个粒子云的描述，我们可以用联合位置密度来描述两个相互纠缠的粒子云。它表征粒子 1 在一个位置并且粒子 2 在另一个位置时的出现频率。此外，我们也可以进一步定义联合位置流密度。值得指出的是，这两个描述量并不存在于实际的三维空间中，而是存在于抽象的六维配置空间中。相应地，描述纠缠粒子对的集成波函数同样存在于这个六维空间中。

最后，我们再近距离地看一看纠缠态的奇妙特性——不可分的整体性。在上述电子纠缠态中，两个电子之间似乎存在一种神秘的同步；它们的双人舞绝对是同步调的。这种同步不仅在时间上是精确的，并且与电子之间的距离无关，即使它们位于宇宙的两端。而且，由于运动固有的随机性，电子 1 和 2 何时处于分支 A、A' 或 B、B' 是完全随机的。这种随机同步显得更加神秘。那么，这两个电子是如何保持它们的随机同步而没有半点差错呢？或者换一种拟人的说法，每个电子如何能瞬时“感觉”到另一个电子的随机变化呢？

薛定谔猫的照片

当一个衰变原子通过一系列装置（包括探测器、铅锤和一小瓶氢氰酸等）与一只猫发生作用后，整个系统将处于一种包含两个分支的纠缠态。在一个分支中，原子发生了衰变而猫被毒死；在另一个分支中，原子并未衰变，猫依然活着。结果，这只可怜的猫将处于一种不确定的死与活的叠加态。这只猫就是著名的薛定谔猫，而关于它的命运人们一直众说纷纭（参见 4.3 节）。此图描绘了在时分宇宙中薛定谔猫在六个相邻时刻的快照。在每个时刻，猫要么活着，要么死了，但究竟是死是活完全是随机的，或者说，由上帝掷骰子决定。

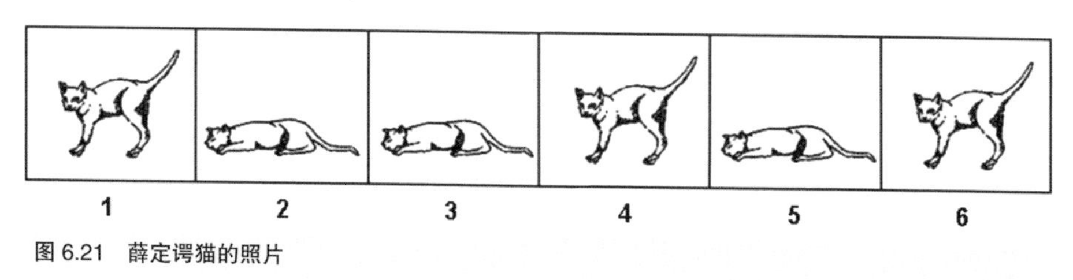

图 6.21 薛定谔猫的照片

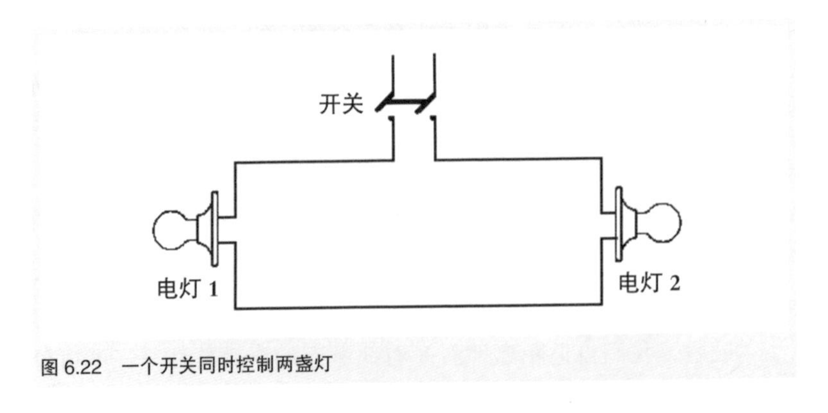

图 6.22　一个开关同时控制两盏灯

人们可以理解两个有规律的过程或两个具有共同原因的事件可以保持同时性。例如，假设两盏灯由一个公共开关控制，并且开关距每盏灯的距离都相同。那么，这两盏灯就可以被同时地开或关。但是，如果两个过程不仅完全随机，而且没有共同原因，那么根据常识它们根本不可能保持同步。确实，如果只用部分体的运动图像来理解两个纠缠电子之间不可思议的随机同步，我们也许永远都找不到满意的答案。原因在于，单个电子的独立的运动状态并不存在。考虑到它们的运动，这两个纠缠电子实际上是一个以时分形式存在的不可分的整体。电子之间的随机同步只是这个整体的一种特性，它由运动的（非连续）时分性所形成和保持。

这一新的认识将深刻地改变我们关于宇宙的常识图像。宇宙并不是一个独立存在物的简单集合，而是一个基于时分形式的不可分的整体。这种时分形式根本上源于运动所固有的非连续性，正是它导致了宇宙的不可分的整体性。这种整体性不需要相互作用来保持，而且也不会随部分体的相互分离而减弱（相比之下，我们通常所遇到的整体性都需要相互作用来维持）。在此意义上，非连续运动是最强大的宇宙黏合剂，它将整个宇宙结合为一个整体。我们总是从部分体的角度来看世界，事实上，我们应当从整体的观点来看世界。实在是一个以时分形式存在的整体。

总之，由于运动所固有的非连续性，宇宙间的万物都以时分形式缠结为一个不可分的整体。这是一幅令人惊奇的实在图像；我们实际上生活在一个不可分的宇宙中。然而，宏观世界似乎是可分离的。我们很少经验到不可分的整体性，而且也从未见过薛定谔猫。这是为什么呢？一个更深邃的秘密正等待我们去揭开。

6.6 上帝的赌博

运动本质上是非连续的、随机的。然而，直到现在，我们并没有在粒子云和它的演化规律中看到任何随机性和非连续性。波函数是连续的，薛定谔方程也是连续的、决定论的。那么，随机性和非连续性“跑”到哪里去了呢？要知道，它们的确出现在关于微观粒子的测量结果中。另一方面，如果运动真的是非连续的、随机的，为什么宏观物体（如小球）的运动看起来却是连续的、确定性的呢？还是同样的问题，随机性和非连续性去了哪里呢？

这两个谜题实际上是相互关联的，对它们的解答将揭示出时空的一个更为根本的性质，那就是：时间和空间不是连续的，而是分立的。这种分立性将自然释放出运动中所固有的随机性和非连续性。于是，上帝只在分立时空中掷骰子。此外，我们会进一步看到，上帝的赌博规则还将在我们周围制造出连续运动的假象。因此，分立时空中的非连续运动将为微观世界和宏观世界提供统一的运动图像，它很可能就是我们要寻找的真实的运动。

尽管运动是非连续的、随机的，但是在连续时空中，这些非连续性和随机性都被吸收到（定义于无穷小时隙内的）运动状态中。结果，描述运动状态的密度和流密度，以及它们的集成体——波函数，都是连续的。而且，运动状态的演化方程，即薛定谔方程，也是连续的、确定性的。简言之，上帝在连续时空中掷的骰子是本质上不可见的。那么，非连续运动如何能表现自己呢？问题的关键在于所假设的时间和空间的连续性。时空的连续性是根本上无法证实的；我们永远无法测量到无限小的时空区域，更不用说单个时刻或位置。用更为客观的语言来表达就是，单个无持续的时刻无法显现自己。因此，在连续时空中，存在于无持续时刻上的运动的随机性自然无法通过可观测的物理效应表现出来。我们只能测量到有限的时间间隙，而在其中根本没有随机性。

看来，如果时间和空间是连续的，那么运动所固有的随机性根本无法释放出来。这一结果不仅与经验相抵触，而且在逻辑上也非常不自然。可以说，时空的连续性已埋下自我毁灭的种子，而非连续运动最终“消灭”了它。那么，时间和空间的真实形式会是怎样的呢？答案似乎只有一个：时空必定是本质上分立的。时刻和位置不是零尺度的，而是有限尺度的。尤其是，时间由具有有限持续的时刻组成，它们是时间的最小单元。由于时刻具有有限的持续时间而可以产生原则上可观测的物理效应，附着在时刻上的运动随机性将可以在分立时空中显现出来。具体地说，在粒子云中，粒子在任何位置的随机停留都持续有限的时间，而这种有限的停留将对粒子云的连续演化产生极微小但不为零的随机影响。在更长的时间里，这种微小的随机影响可以不断积累并产生可观测的随机现象。总之，运动所固有的随机性只有在分立时空中才能被释放出来。那么，分立时空真的能释放出运动的随机性吗？下面我们就去看看分立时空中的运动。

在分立时空中，时间和空间由具有有限尺度的单元组成，即存在最小的时间间隙和最小的空间间隔，它们可称为时间单元和空间单元。现代物理学预测它们的值分别近似为 1.1×10^{-43} 秒和 3.2×10^{-35} 米。这两个数值极其微小，所以我们从未直接“看到”时空的分立性，而一直认为它们是连续的。由于时空的分立性，

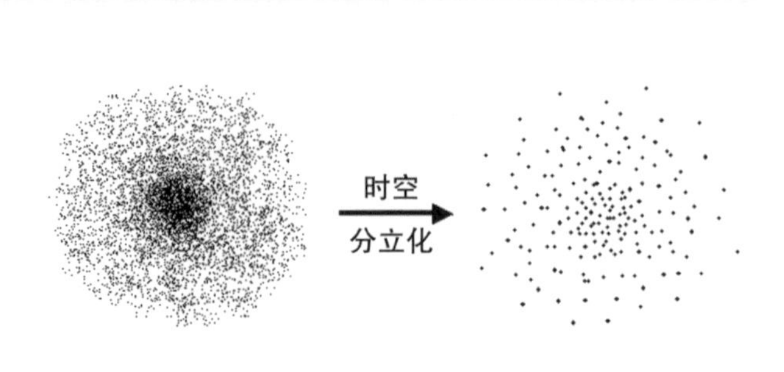

图 6.23　随机性出现于分立时空中

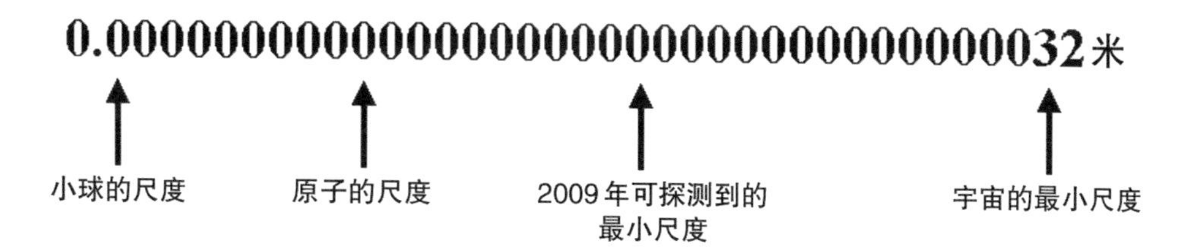

图 6.24 我们离宇宙中的最小尺度有多远?

任何物理存在都只能处于不小于一个空间单元的空间区域内，而任何物理过程都只能发生在不短于一个时间单元的时间区间中。结果，粒子不再像在连续时空中那样在一个无持续的时刻位于空间中的一个无大小的位置，而是在一个有限的时间单元内处于一个有限的空间单元中。这给出了分立时空中的粒子存在形式。

连续时空中关于运动的本质分析同样适用于分立时空。此外，时空的分立性还将对运动的可能形式施加更多的限制。由于时空分立性的限制，如果运动是连续的，那么只能存在两种可能的自由运动状态：一种是静止状态，另一种是具有特定速度的运动状态，其速度等于空间单元与时间单元的比值，结果正好是光速 3×10^8 米/秒。如果物体的速度大于光速，那么它将在一个时间单元内移动比一个空间单元更大的距离。这样，在这种连续运动过程中，物体移动一个空间单元只需花费比一个时间单元更短的时间。而这与时空的分立性相抵触，它要求时间单元是最短的时间。另一方面，如果物体的速度小于光速，那么它移动一个空间单元需要比一个时间单元更长的时间。这样，物体在一个时间单元内将移动比一个空间单元更短的距离，而这仍与时空的分立性相抵触。因此，在分立时空中，如果运动是连续的，那么一个自由的物体只能静止或者以光速运动。这个结果明显与经验不一致；自由物体实际上可以以不同于光速的速度运动。

看来，如果时间和空间是分立的，那么运动将不是连续的，而只能是非连续的、随机的。简言之，上帝必定在分立时空中掷骰子。那么，上帝在分立时空中掷的骰子是可观测的吗？下面我们将通过实例来说明，时空的分立性的确可以通过粒子云的一种随机坍缩过程来释放运动所固有的随机性。这种过程就是波函数的动态坍缩。因此，上帝在分立时空中掷的骰子确实可观测。

考察两个具有不同能量的静态粒子云（即定态）的叠加态。这两个分支的大部分相互分离，只有小部分重叠。根据线性的薛定谔演化方程，叠加粒子云的密度将在重叠区域发生振荡，其周期反比于两个定态之间的能量差。当能量差很小时，似乎不会出现什么问题。然而，当能量差非常大时，上述振荡的周期将变得极其短暂，而这可能会违背时空的分立性限制。例如，当能量差达到普朗克能量（约为一只蚊子的总能量）时，振荡周期将短于一个时间单元。但这是不可能的，因为时间单元是分立时空中的最短时间。因此，由于时空分立性的限制，能量分布弥散大于普朗克能量的叠加粒子云不可能存在，而必定在能量分布弥散达到此能量之前坍缩为叠加态中的某个分支。由于运动的随机性，这种粒子云的坍缩过程也是完全随机的，而它的结果正好释放出运动本身的随机性。

上述例子清楚地显示出，时空的分立性将导致粒子云的可观测的坍缩过程。而且，分立时空的最小尺度还将产生一个合理的坍缩判据。那就是，当粒子云的能量分布弥散接近普朗克能量时，粒子云将在大约一个时间单元后随机坍缩为叠加态中的一个（具有确定能量的）分支。这一坍缩判据还暗示，当粒子云的能量分布弥散小于普朗克能量时，它将需要更长的时间才坍缩。这意味着粒子云的随机坍缩过程一般是渐进式的。那么，这一随机坍缩过程的细节如何呢？换句话说，上帝如何掷可观测的骰子呢？他的赌博规则又是怎样的呢？尽管粒子云随机坍缩的一些细节还是未知的，我们仍然可以给出这一过程的基本图像和它的一般规律[1]。我们将看到，上帝不仅掷可观测的骰子，而且他的赌博规则也是公平的。

我们还是以能量叠加粒子云为例。根据非连续运动图像，在

1. 具体分析可参见 S. Gao，*Int. J. Theor. Phys.* 45(10), (2006)/943。

任意时间单元中，粒子都随机停留在一个确定的能量分支中。首先，粒子停留在每个分支的概率正比于该分支的密度。这意味着粒子在密度大的分支停留更长的时间。我们称这一规律为随机坍缩第一定律。它是上帝赌博规则的第一部分，由非连续运动的存在所唯一决定。其次，粒子在某个分支的随机停留将改变该分支的密度。具体地说，随机停留将增加所停留分支的密度，密度增加量正比于其他分支的密度总和，而比例参数与整个粒子云的能量分布弥散有关。相应地，其他分支的密度将按比例减少。我们称这一规律为随机坍缩第二定律。它是上帝赌博规则的第二部分，其形式由下述合理要求所唯一决定，即粒子云作为真实的存在能够准确呈现自己。

粒子云的随机坍缩过程由上述两定律所唯一决定。为此，粒子云的密度将经历一种随机坍缩演化。其结果是，粒子云随机坍缩到一个具有确定能量的分支，坍缩的概率正比于坍缩分支的初始密度。此外，坍缩时间反比于粒子云能量分布弥散的平方。这样，运动所固有的随机性最终通过可观测的随机坍缩结果释放出来，而且，粒子云也通过（大量相同粒子云的）坍缩结果的统计分布将自己呈现出来。

上述两定律构成了上帝的全部赌博规则，下面我们将给出一个应用上帝赌博规则的游戏实例。假设有两个赌博者艾丽丝和鲍勃。他们每次扔一枚特殊的硬币决定输赢，硬币扔出正反面的概率可以调整。赌博规则如下：①如果硬币正面朝上，则艾丽丝赢，反之鲍勃赢。此外，硬币每次扔出正面的概率正比于艾丽丝当时的赌本，而每次扔出反面的概率正比于勃赢当时的赌本。这意味着每个赌博者获赢的概率正比于各自当时的赌本。这正是上帝赌博规则的第一部分；②输者按照固定比例将自己的赌本给赢者。这是上帝赌博规则的第二部分。

假设艾丽丝的初始赌本为 80 元，鲍勃的初始赌本为 20 元，固定的支付比例为 1/10。根据上述赌博规则，开始时艾丽丝获赢的概率为 80%，而鲍勃获赢的概率为 20%。此时，硬币扔出正面的概率调整为 80%，而扔出反面的概率则调整为 20%。假设扔出的硬币正面朝上，那么艾丽丝赢，而鲍勃要将其当前赌本（20元）的1/10，即2元给艾丽丝。这样，第一轮后，艾丽丝的当前赌本变为82元，而鲍勃的当前赌本变为18元。游戏继续下去。根据规则，现在艾丽丝获赢的概率变为82%，而鲍勃获赢的概率变为18%。相应地，硬币扔出正面的概率也要调整为82%，而扔出反面的概率调整为18%。假设这次扔出的硬币反面朝上，于是鲍勃赢，而艾丽丝要将其当前赌本（82元）的1/10，即8.2元给鲍勃。这样，第二轮后，艾丽丝的当前赌本变为73.8元，而鲍勃的当前赌本变为26.2元。游戏可以一直进行下去，直到一方输光所有赌本为止。

那么，每一方最终获赢的概率究竟是多少呢？简单的计算显示，这一概率正比于双方的初始赌本。因此，艾丽丝最终获赢的概率是80%，而鲍勃最终获赢的概率是20%。这一结果显示了赌博规则的公平性。赌本越多，赌赢的概率就越大，但赌本少的一方也有机会赌赢。进一步的计算还显示，双方赌博的（平均）持续次数反比于固定支付比例的平方。此外，它也依赖于赌本的最小单位以及支付时的四舍五入规则。很明显，最小单位越小持续次数越多。

对于上帝的真实的赌博，赌博者不是艾丽丝和鲍勃，而是粒子云的两个能量分支。每个分支的赌本就是该分支的密度。这里不需要特殊的硬币，每个分支的输赢由非连续运动的粒子在其中的随机停留所自然决定；粒子所停留的分支赢，粒子不停留的分

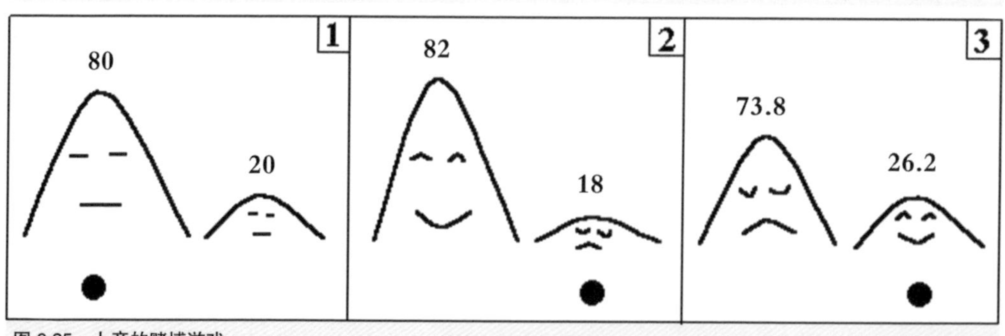

图 6.25 上帝的赌博游戏

支输。此外，每个分支赌赢的概率正比于该分支的当前密度，而赌输分支的“支付”比例正比于粒子云的能量分布弥散。这种赌博是宇宙中进行最快的活动；它每个时间单元（约 10^{-43} 秒）就进行一次。

6.7 同一个世界

同一个世界，同一个梦想。

——北京 2008 年奥运会口号

我们已经看到，非连续运动要求分立时空的存在以释放它的随机性；另一方面，时空的分立性不仅导致非连续运动的存在，而且确实能通过粒子云的随机坍缩释放出运动所固有的随机性。因此，真实的运动很可能是分立时空中的非连续运动。它的实际图像如下：粒子在一个时间单元内停留在空间中的一个空间单元。然后，在下一个时间单元内，粒子要么停留在原处，要么随机出现在另一个空间单元中，后者可能与前者相距很远。在一段时间内，粒子将遍历整个空间而形成具有一定密度和流密度的粒子云。

尽管完备的粒子运动规律还不知道，但我们可以根据前面的分析给出它的一般形式。完备的运动方程将是一个修正的薛定谔方程，它包含两类波函数演化项。第一项是原薛定谔方程中的确定性的线性演化项，而第二项是新的随机非线性演化项，它导致粒子云的随机坍缩，即波函数的动态坍缩。运动方程本质上是分立的，所有物理量都定义于分立时空中。在运动方程中，确定性的线性演化项将导致粒子云的类波行为，如干涉现象，而随机非线性演化项将导致粒子云的类粒子行为，如空间局域化。因此，粒子云的演化将是类波过程和类粒子过程的某种结合。此外，前面的分析还显示，这两种过程的相对强度由粒子云的能量分布弥散所决定。

如果粒子云的能量分布弥散非常微小，那么它的坍缩时间将变得极其漫长，譬如比宇宙的年龄还要长。于是，粒子云的演化将主要由线性的薛定谔演化所主宰。这正是微观世界中所发生的，在那里微观粒子的行为像波一样。例如，在双缝实验中，粒子云同时通过两条缝，然后通过的两个分支相互叠加干涉。这样，当大量粒子云通过双缝后，它们可以形成双缝干涉图样。另一方面，如果粒子云的能量分布弥散非常大，那么它的坍缩时间将变得极其短暂，例如，短于光通过一米距离的时间。这样，粒子云的演化将主要由非线性的随机坍缩演化所主宰。我们将看到，这正是宏观世界中所发生的，在那里宏观物体的行为像粒子一样。

对于宏观物体，它的非连续运动同样形成一个遍布空间的物体云。例如，一个球实际上也是一个球云。然而，环境影响（如热能涨落）将导致物体云能量分布弥散变得极大。这样，物体云的演化将主要由随机坍缩过程或局域化过程所主宰。这一局域化过程进行得非常快，因此，物体云总是集中在一个非常小的空间区域中。于是，宏观物体只能处于一个局域位置，并且只能（近似地）静止或连续地移动。这正是宏观世界中的连续运动表现。结果，一只猫不能同时通过两扇门，我们只能看到一只活猫或一只死猫，而无法看到半死半活的薛定谔猫。进一步地，宏观世界中表观的连续运动的规律，即牛顿运动定律，也可以作为一种近似从完备的非连续运动规律中导出。值得指出的是，在牛顿运动方程中还应当存在一个随机项，它来自于完备的运动方程中所存在的非线性随机演化项。尽管这一项的效应非常小，但仍可以通过精确的实验检测到。

此外，上述局域化过程也将导致关于微观粒子的确定性的测量结果的出现。例如，在双缝实验中，当粒子云通过双缝而到达宏观测量仪器（如探测屏）时，整个系统的线性薛定谔演化将产生不同结果态的叠加，在每个结果态中粒子都在一个确定的位置处被探测到。之后，由于宏观测量仪器引入了巨大的能量分布弥散，叠加态几乎立即坍缩为确定的结果态之一。相应地，粒子云和仪器云都集中在一个确定的位置。因此，一朵非局域的粒子云只在一个局域位置（如探测屏上的一点）被探测到。这便解释了波粒二象性的另一面，即粒子云在被测量时其行为像局域的粒子。

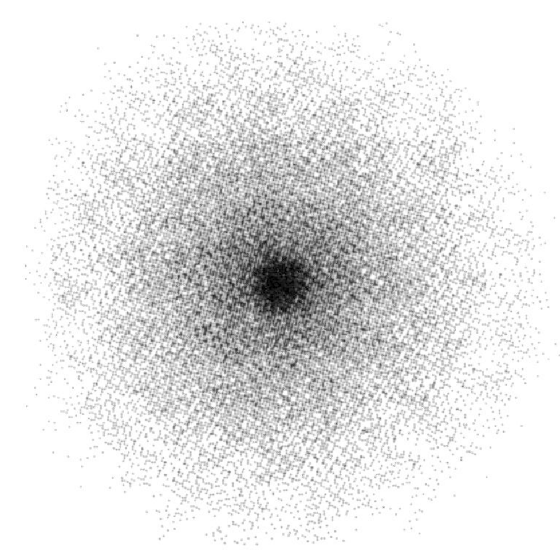

总之，分立时空中的非连续运动为微观世界和宏观世界提供了一幅统一的实在图像，它很可能就是真实的运动。宇宙中的所有物质，不论它是微小的粒子，还是普通的小球，抑或庞大的星体，也许无时无刻不在进行着这种非连续的跳跃。而我们最熟悉的连续运动只是它在宏观世界中的近似表现而已。

图 6.26 我们同在一个世界

第七章 无用之学？

Entanglement

我们和量子纠缠现象“纠缠”到现在，对它已经有了很多了解。实用主义者可能忍不住要问：但是，它究竟有什么用呢？如果纠缠只是一团缠结的线绳，那么它不仅没什么用处，人们还要费力把它解开。但是，小小量子纠缠却有大用处。从量子密码到完全保密的量子通信，从量子计算机到未来的量子互联网，它都将大显身手。不信我们就来看一看！

7.1 不可能的任务

在讲述量子纠缠的奇妙应用之前，我们先来看看它所基于的最基本的量子叠加性的威力。为此，我们给它布置一个逻辑上不可能的任务。请注意，这个任务是逻辑上不可能完成的，而不是逻辑上允许但极其困难的。

这个任务就是检测一种最危险的炸弹，并从中选出合格的炸弹，而不是哑弹。其危险之处在于炸弹的撞击开关超级灵敏，甚至一个光子的接触都可以将它引爆。而导致哑弹的主要原因恰恰就是撞击开关处被堵塞了，并且只有对其进行某种撞击才能检测出炸弹是不是好的。这的确是一个两难的任务！如果不进行撞击测试，就无法检测出好弹，而一旦进行撞击测试又将引爆炸弹，从而即使检测出好弹，也将由于引爆而报废了。面对这个棘手的炸弹检测问题[1]，即使经典物理学大师牛顿也将束手无策，因为这是一个逻辑上不可能解决的问题。然而，小小的量子却可以出人意料地帮我们找到好的炸弹，从而出色地完成任务。这怎么可能呢?

下面我们就来看看量子究竟是如何破解牛顿也无法解决的难题的。具体检测炸弹的装置如图 7.1 所示。为了讨论方便，我们假设炸弹的撞击开关上有一个小的反射镜，当一个光子撞击到反射镜时将足以引爆炸弹。根据量子力学，如果被检测炸弹是哑弹，即撞击开关上的反射镜被卡住，那么入射光子的波函数被反射后将不会发生坍缩，从而两个分支上的光子波函数在汇集处会发生叠加干涉。而这将导致只有探测器 F 可以检测到光子，探测器 G 则检测不到光子。如果被检测炸弹是好弹，即撞击开关上的反射镜是活动的，那么它可以看作是一个测量仪器，从而将导致光子的波函数被反射后迅速坍缩到一个分支中。这样，探测器 G 和探测器 F 都可以检测到光子，并且两者检测到光子的概率都为 50%。

可以看出，如果被检测炸弹是好弹，那么光子波函数将有 50% 的概率坍缩到爆炸的分支上，从而炸弹中将有一半的好弹发生爆炸而报废；进一步地，在没有爆炸的好弹中又只有一半可以被

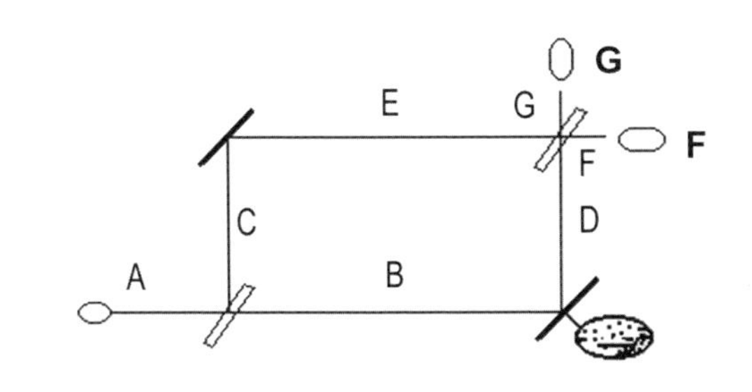

图 7.1 检测炸弹

1. 这一问题最早由艾利泽（A. Elitzur）和维德曼（L. Vaidman）于 1993 年提出并给出相应的量子答案。

检测出是好弹，因为探测器G和探测器F各有50%的概率检测到光子，而只有探测器G检测到光子才能识别出是好弹（对于哑弹，探测器G将检测不到光子）。因此，上述量子检测方法可以挑选出1/4的好弹，而不借助量子方法则一个也挑不出来。实际上，通过不断重复上述检测步骤，好弹的最终检测比例可以达到1/3，而借助更巧妙的办法则可以使这一检测比例提高到接近1/2。

7.2 纠缠制胜

见识过量子叠加解决不可能任务的惊人能力，量子纠缠该出场了。可以预见，它将有更令人惊奇的表现，毕竟除了量子叠加，它还有最紧密的纠缠和幽灵般的超距两个神秘武器。下面我们先介绍一个好玩的三人测试游戏让量子纠缠热身一下，[1] 在这个游戏中它将稍微显示一下自己的神奇能力。但即使这样，也将令世界上最聪明的数学家赞叹不已。

三人测试游戏很简单。测试问题只有两个，它们是 X 问题："X 是多少？" 和 Y 问题："Y 是多少？" 而答案是在 +1 和 −1 中选一个。具体游戏规则如下：

（1）在每次测试中，每个人都需要回答一个问题，X 问题或 Y 问题；

（2）3个人被问及的问题要么都是 X 问题，要么只有一个是 X 问题，而另两个是 Y 问题，此时3个人中谁被问及 X 问题是完全随机的；

（3）3个人之间不允许互通各自的问题或答案。

赢得游戏的条件也很简单，就是3个人对3个 X 问题的答

1. 这个游戏的原始版本出自维德曼，它建立在格林伯格、豪恩和塞林格的GHZ论证的基础上。此处有所改动。具体介绍可参考文章quant-ph/9808022。

案的乘积总是 –1，而对一个 X 问题和两个 Y 问题的答案的乘积总是 +1。

请试试看，你和你的朋友能赢得这个游戏吗？在游戏之前，你们可以做任何准备工作。你们可以设计各种巧妙的回答规则来尽可能得到所要求的乘积，例如，可以在问题提出后分别进行猜测，也可以预先制定好每个人回答问题的规则，甚至可以求助世界上最聪明的数学家来帮助制定规则，等等。但最终结果呢？除非利用量子纠缠，否则即使牛顿和爱因斯坦也没有办法赢得游戏。

可以看出，如果 3 个人之间可以互通各自的问题和答案，那么将很容易赢得游戏。例如，当 3 个人 A、B、C 被问及的问题都是 X 问题时，如果 A 知道另外两个人的问题和答案，如 B 的答案为 +1，C 的答案为 –1，那么 A 就可以选择 +1 的答案。这样，3 个人 3 个 X 问题的答案的乘积为 –1，从而满足获赢的条件；当 3 个人被问及的问题中一个是 X 问题，另两个是 Y 问题时，同样很容易赢得游戏。例如，如果 A 知道另外两个人的问题和答案，如 B 的答案为 –1，C 的答案为 +1，那么 A 就可以选择 –1 的答案。于是，3 个人对一个 X 问题和两个 Y 问题的答案的乘积便为 –1，从而也满足获赢的条件。然而，游戏的规则要求 3 人之间不许互通各自的问题或答案。那么，每个人在不知道别人的问题和答案的情况下，或者说，在游戏者相互独立的情况下，他们能否赢得游戏呢？

如果 3 个人在回答问题时偶尔或总是利用猜测获得答案，那么他们的答案不可能总满足获赢条件，

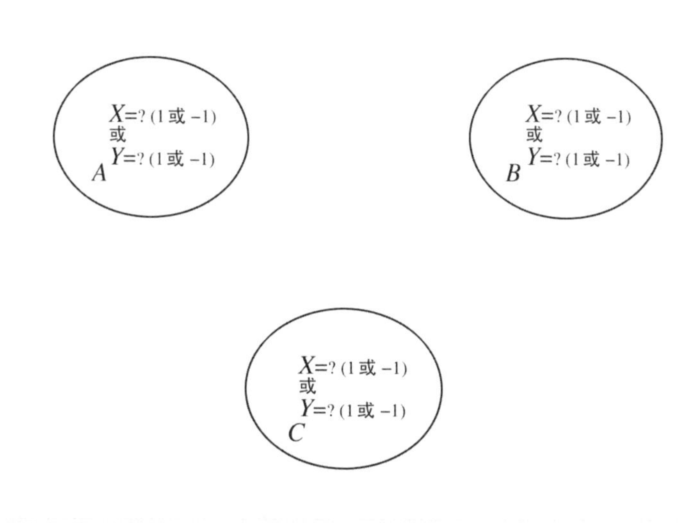

图 7.2 三人游戏

而必然有猜错的情况。例如，对于3个X问题的情况，当B和C给出的答案分别为+1和−1时，A所猜的答案有一半的可能性为−1。此时，3个人对3个X问题的答案的乘积就为+1，从而不满足获赢的条件。因此，依靠猜测是不可能赢得游戏的。那么，还有一种办法，就是3个人预先制定好一套确定的规则，并严格按照规则回答问题。例如，A在遇到X问题时总回答−1，在遇到Y问题时总回答+1，等等。问题在于，是否存在可以获赢的固定规则呢？为此，我们不必求助数学家，而只利用简单的乘法就可以找到答案。可惜的是，答案是否定的。

假设存在一种预先制定的规则可以赢得游戏，那么3个人A、B、C的答案将满足下述4个等式，其中X_A表示A对X问题的答案，Y_A表示A对Y问题的答案，等等。

$$X_A X_B X_C = -1$$

$$X_A Y_B Y_C = 1$$

$$Y_A X_B Y_C = 1$$

$$Y_A Y_B X_C = 1$$

第一个等式表示3个人对3个X问题的答案的乘积总是−1这一获赢条件，而后面3个等式则表示3个人对一个X问题和两个Y问题的答案的乘积总是+1这一获赢条件。现在，你或许已经看出这4个等式是相互矛盾的。如果将它们左边和右边分别相乘，我们将得到：

$$(X_A X_B X_C Y_A Y_B Y_C)^2 = -1$$

由于每个问题的答案只能是+1和−1，这个等式明显无法满足。因此，利用预先设计的规则不可能赢得游戏。

如果你对证明不放心，可以用最直接的办法来验证，即列举出所有可能的规则，然后逐个验证它们是否满足获赢条件。由于每个人对每个问题的可能答案只有两种（+1或−1），而总共有3个人和两个问题，所以一共有3×2×2 = 12种可能的规则。逐一验证后你同样会发现，没有一种规则能满足获赢条件。

上述分析说明，如果游戏者相互独立地回答问题，那么他们不可能赢得游戏。实际上，即使 3 个成员之间存在所谓的心灵感应，例如，通过心灵感应成员 A 可以知道成员 B 和 C 的问题和答案，他们也是不能赢得游戏的，因为他们违反了游戏规则的第三条：成员之间不允许互通各自的问题或答案，尽管这种互通不是传统通信方式（其最大通信速度为光速）。看来，无论怎样也不可能赢得游戏；游戏者相互独立不行，而相互通信又违反规则。现在，你或许彻底绝望了，并转而认输，但却要强调一点，那就是：根本无法赢得游戏，那是绝对不可能的事情！好了，到时候了，神奇的量子纠缠该出场了。

山重水复疑无路，柳暗花明又一村。

——陆游，《游山西村》

量子物理学家可以为我们制备出一种 3 个电子的自旋纠缠态，我们让每个游戏者保存其中的一个电子。对于这个自旋纠缠态，3 个电子沿 z 方向的自旋要么全部向上，要么全部向下。现在，测试开始了。如果一个人被问及 X 问题，那么他就测量其电子的 x 方向自旋，并且将测量值 +1 或 –1 作为答案；类似地，如果被问及 Y 问题，那么他就测量其电子的 y 方向自旋，并且将测量值 +1 或 –1 作为答案。根据量子力学规律，按照这种方式，3 个人对 3 个 X 问题的答案的乘积总是 –1，而对一个 X 问题和两个 Y 问题的答案的乘积总是 +1。由于每个成员并不知道其他人的问题和答案，因此，借助量子纠缠游戏者将可以赢得上述游戏。

这个结果绝对令人惊奇！那么，它究竟是如何办到的呢？我们首先给出一种不借助量子力学的答案，它完全基于逻辑分析。根据常识，最可能的情况是答案直接存储在 3 个电子各自的自旋状态中。这意味着每个电子都用它的自旋状态携带获赢的答案：x 方向自旋向上表示对 X 问题的答案为 +1，x 方向自旋向下表示对 X 问题的答案为 –1，等等。由于被问及的问题可能是 X 问题，也可能是 Y 问题，每个电子必须用 x 方向自旋和 y 方向自旋同时携带两个答案。例如，一个电子的自旋状态为 x 方向自旋向上，y 方向自旋向下。这样，如果被问及 X 问题，则答案为 +1；而如果被问及 Y 问题，答案则为 –1。然而，上面的证明已经显示，不存在预先准备好的答案可以赢得游戏。因此，3 个电子的自旋状态，如果是相互独立的，将无法提供所需要的答案。这意味着，尽管游戏者之间是相互独立的，3 个电子之间肯定不是相互独立的，相反，它们必定对测量提问一起“选择”答案，从而才能赢得游戏。可以说，在回答问题时，这 3 个相互纠缠的电子宛如一个整体，尽管它们在空间上相互远离。

这个结论似乎在意料之中。毕竟，答案并不是电子的实际自旋状态所给出的，而是对这一状态的测量结果给出的。但是，常识告诉我们，合格的测量应当是精确地反映被测性质的实际值，从而测量结果应当与实际值相一致。难道量子物理学家对电子自旋的测量不准确吗？并不是，无论他们利用怎样精确的测量手段，结果都是一样的；况且，对于不合格的测量，测量结果不可能总是正好提供所需要的答案。看来，不仅电子之间是相互纠缠的，

纠缠的度量[1]

随着量子信息科学的出现和发展，量子纠缠态被应用于诸多领域，如量子浓缩编码、量子纠错码、量子隐形传态、量子计算、量子通信等，而人们对纠缠态本身的研究也越来越深入。其中最重要的研究就是关于纠缠的度量或定量化的研究。对于两子系构成的复合系统，人们一般使用四个贝尔态作为定量化其纠缠的标准。每个贝尔态的纠缠度定义为 1，也称为一个 ebit（纠缠比特）。纠缠度表征纠缠态携带纠缠的量的多少，它的提出为不同纠缠态之间建立了可比关系。为了定义混合态的纠缠度，本奈特等人进一步提出了生成纠缠和蒸馏纠缠的概念。此外，人们还定义了纠缠纯化，即通过局域操作和经典通信的手段从部分纠缠态中提取最大纠缠态的过程。如果部分纠缠态为纯态，则称之为纠缠浓缩。目前，关于混合态的纠缠度以及多子系统的纠缠度的研究仍处于起步阶段。

1. 本段内容参考了本书第一作者的量子信息讲座续讲《量子纠缠态》。

而且对其自旋的测量结果也并不反映自旋的实际状态。因此，测量必定参与了提供答案的过程，而正确的答案是由电子的自旋纠缠态和测量的联合作用后给出的。具体地说，对一个电子的自旋测量不仅影响它本身的自旋状态，并且同时影响其他两个电子的自旋状态。这样，3 个电子将对测量提问同时给出高度相关的答案，从而可以赢得游戏。于是，在微观粒子之间将存在某种超越时空的紧密纠缠，而基于这种纠缠对一个粒子的测量还会瞬时地影响另一个粒子。啊哈，这不就是我们经历各种探险才获得的对量子纠缠的深刻认识吗？尽管这里只是用平常的语言来表达。通过对一个简单游戏的分析我们竟然也到达了量子纠缠的世界！

最后，我们再给出量子力学的更简洁的回答。首先，关于 3 个 X 问题的正确答案以及关于一个 X 问题和两个 Y 问题的正确答案都预先存储在 3 个电子的自旋纠缠态中。这种多个答案的同时存储（而不是只存储唯一确定的答案）由量子叠加来完成；其次，当根据不同问题对 3 个电子的自旋进行不同测量时，由于量子纠缠的存在以及波函数坍缩的同时性，3 个电子的自旋状态将同时精确地坍缩到某个叠加分支。而由于所有叠加分支所提供的答案都是正确的，从而测量结果总给出正确答案。这其中既利用了电子之间超越时空的量子纠缠，也利用了同时解纠缠的波函数坍缩过程。

或许，对于实用主义者来说，检测炸弹和赢得游戏都只是雕虫小技。的确，量子纠缠还有更重要、更神奇的应用。这些应用可能会颠覆传统的通信和计算机技术，并将引发新的量子信息革命。

7.3 隐形传态[1]

1931 年，美国作家福特（Charles Fort）在他的小说“Lo!”中发明一个有趣的单词“Teleportation”，用来表示异常物体在

1. 本节部分内容参考了本书第一作者的量子信息讲座第六讲《量子隐形传态》。

某处消失而再另一处出现的奇怪现象。这个词由希腊语前缀“tele”（意思为远距离地）和拉丁语动词“portare”（意思为传送）组合而成。今天，牛津英语辞典将这个词解释为“心灵学与科学幻想：通过超自然的力量运输人或物体；也用于未来派的描述，利用先进的技术手段将人或物体跨越空间地瞬时输运”。

令人吃惊的是，Teleportation 的想法竟然在 1993 年从科幻领域进入了物理学。这年 3 月，IBM 的科学家本奈特（Charles H. Bennett）在美国物理学会的年会上首次宣布了量子隐形传态（Quantum Teleportation）是可能的，尽管只是在输运对象的状态被破坏的情况下。几年后，利用光子进行的量子隐形传态实验就证实了本奈特的想法。

量子隐形传态！这听起来就有些神秘，那么，它到底是怎么回事呢？我们知道，一般的物体传送就是移动组成物体的所有粒子（如原子）。而根据量子理论，所有物体都由相同的粒子组成，你身体中的原子与你正在读的这本书中的原子是一样的；同时，粒子的状态用量子态（即波函数）来描述，而一个物体就由组成它的所有粒子的量子态来描述。于是，如果我们在另一个地方利用其他相同的粒子可以重建所有这些组成粒子的量子态，我们就将在空间的另一处制造出原物体的一个精确拷贝。尽管在这个过程中所传递的只是量子态，但由于粒子的全同性，整个物体实际上也因此被精确复制了。这就是量子隐形传态所采取的方式，它所运输的是一个系统的量子态，以及此系统与其他系统的关联。必须注意，量子隐形传态不通过中间的空间，它是一种无实体的传输，即被传送的只是信息，而不是物质和能量。

图 7.3　发明量子隐形传态的六位物理学家

下面我们来看一看量子隐形传态是怎样实现的。假设

需要运输的是粒子 x 的量子态 Ψ。首先，发送者(一般称为艾丽丝)和接收者(一般称为鲍勃)各有一个粒子 a 和 b，它们预先发生过相互作用并处于一种量子纠缠态中[1]，而这种奇妙的量子纠缠就是整个量子隐形传态得以实现的关键。现在，发送者艾丽丝对粒子 x 和粒子 a 进行一次巧妙的联合测量[2]，这种测量导致了整个系统(包括粒子 x 和粒子 a、b)的量子态按照一种特定的方式发生坍缩，从而由于粒子 a 和 b 预先相互纠缠，它就将量子态 Ψ 的一种变换态巧妙地传递给了粒子 b，而表征变换操作的信息则包含在测量结果中。应当指出，这种测量将同时导致粒子 x 的量子态被完全破坏。然后，艾丽丝将测量的结果，即表征变换操作的经典信息通过经典通道(如打电话)传送给接收者鲍勃[3]。根据这种变换信息，鲍勃就可以对粒子 b 的状态(它是量子态 Ψ 的一种变换态)进行补偿性的反变换，从而可精确地还原出粒子 x 的量子态 Ψ，这样便完成了量子态 Ψ 的隐形传输。

可以看出，量子隐形传态既利用了量子纠缠，也利用了波函数坍缩。此外，由它们所导致的量子非定域性在其中也起到了关键作用。这可以通过下述事实看出，即用来说明一个量子比特所需的信息要比量子隐形传态中通过经典通道传递的两比特(代表四个可能的结果之一)经典信息多[4]，因此，当一个量子比特被瞬时传送后，多余的信息必然是通过非定域的方式传递的。此外，量子隐形传态中的非定域性还表现在下述方面，即发送粒子 a 是首先和接收粒子 b 相互作用的，然后再与粒子 x 发生作用，而不是像通常那样，发送粒子 a 为了将信息从 x 传送给 b，它必须先与粒子 x 作用，然后再和粒子 b 作用。然而必须注意，由于经典信息对量子态的隐形传送是必不可少的，而经典信息的传递速度小于或等于光速，因此，量子隐形传态并不是超距通信，从

---

1. 这种量子纠缠态一般被称为 EPR 态。
2. 这种测量被称为贝尔基测量。
3. 必须注意，测量结果中不包含任何关于原量子态 Ψ 的信息。
4. 然而，根据量子理论，从一个量子比特中所可能提取的信息却只有两个经典比特那么多。

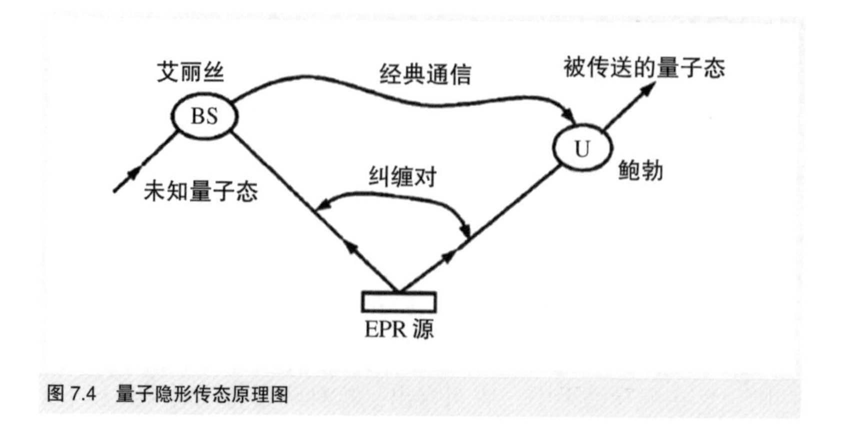

图 7.4 量子隐形传态原理图

而也不违反相对论。

表面上看来，量子隐形传态与我们熟悉的传真非常相似，但它们实际上存在着本质的区别。我们知道，传真机只是扫描并传送原件的部分信息，这些信息是有限的，并且原件在扫描过程中可以不被破坏。由于微观尺度上海森伯不确定性原理的限制，这种扫描是不可能绝对精确的，因此，由扫描并传真过去的信息所制造的拷贝只是原件的近似拷贝。与此相反，量子隐形传态可以制造一个精确的拷贝，而不是近似的拷贝。例如，它可以传递一个连续的状态，而这一状态中包含着无限多的信息。此外，与传真不同的是，量子隐形传态需要破坏掉原状态，这与量子不可克隆定理相一致。

说到这里，很多读者可能会注意到，量子隐形传态本身似乎就违背了海森伯不确定性原理。根据这一原理，无法通过测量获取关于原子或其他微观粒子的全部信息。例如，如果获取了更多的粒子位置信息，就会丢失更多的粒子动量信息，并且粒子的原状态也将会被破坏而不可恢复。因此，如果不能获取关于原件粒子的全部信息，又如何能制备出它的一个精确拷贝呢？问题的关键在于：量子隐形传态所传送的是一个未知的量子态（即发送者也不知道），它因此可以避开海森伯不确定性原理的限制。具体地说，它没有首先获取粒子量子态的信息然后再传送，而是巧妙地利用量子纠缠和一系列测量过程来实现的，而这些过程都遵循量子力学规律。

量子隐形传态的重要性在于，它第一次成功地利用量子纠缠来做一些事情，而不是如以往那样只关注对它的理解和分析。如今，量子纠缠态已被称为量子信道，通过它可以传送量子信息[1]。这是量子通信最基本的过程。人们基于这个过程进一步提出了实现量子因特网的构想。量子因特网是用量子信道来联络许多量子处理器，它可以同时实现量子信息的传输和处理。相比于现有的经典因特网，量子因特网具有很多优点，如完全保密性，可实现多端分布计算，可有效降低通信复杂度等。

1997 年，奥地利因斯布鲁克大学由塞林格领导的一个实验小组首次实现了光子的量子隐形传态，即将一个量子态从甲地的光子传送到乙地的光子。目前，物理学家们在实验室中已实现了

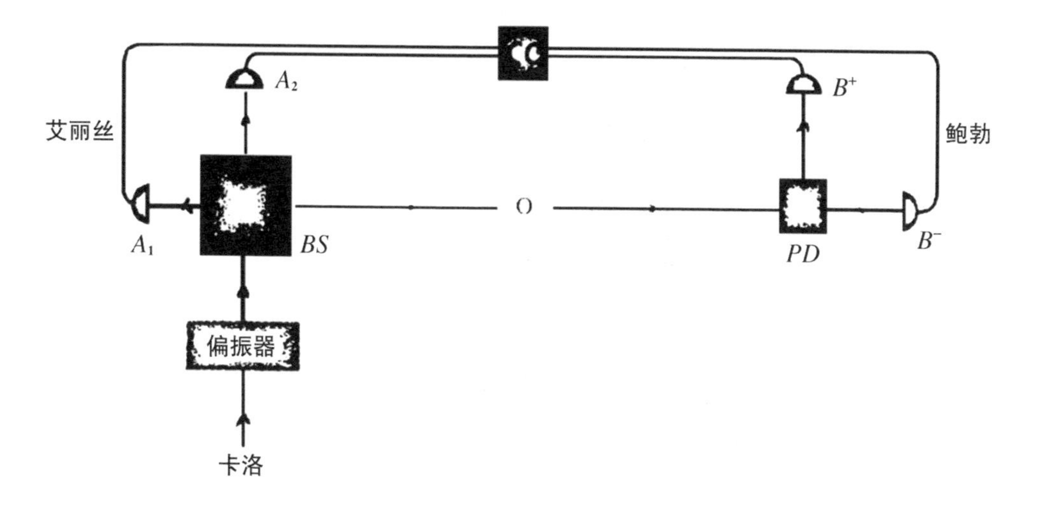

图 7.5 奥地利小组实验原理图[1]

1. 引自本书第一作者的量子信息讲座第六讲《量子隐形传态》。

---

1. 然而，我们必须注意，根据量子理论，通过量子信道所传送的信息是不可破译的，因此严格说来，它不能称为信息。实际上，通过量子信道所传送的仍只是量子态，而且要想利用被传送的量子态还必须通过经典信道传送相关信息。正如本奈特等人在量子隐形传态的文章标题中所表明的，“通过经典信道和 EPR 信道传送一个未知的量子态”。

光光之间（距离超过600米）、光与原子之间，以及原子与原子（距离约1米）之间的量子隐形传态。可以预计，实现更大尺度的原子和分子的量子隐形传态也已为时不远。看来，量子隐形传态已经离开了它原来居住的科幻世界，而将要为人类真正做一些连科幻小说家们也未曾梦想过的事情，如进行完全保密的量子通信，构筑超快速量子计算机等。

7.4 计算天才[1]

1994年，在第35届计算科学基础年会上，贝尔实验室的科学家索尔（P. Shor）提出了一种分解大数的快速量子算法。这立刻引起了轰动，甚至恐慌，因为这种算法可以被用来破译目前广泛使用的商用密码系统。索尔的发现充分显示了量子计算的强大威力，并很快引发了世界范围内的量子计算机研究热潮。[2]那么，量子计算机究竟是怎样的机器呢？它又怎么会有如此强大的计算能力呢？让我们还是从量子叠加和量子纠缠讲起吧。

图7.6 索尔

我们知道，微观粒子可以

1. 本节内容参考了本书第一作者的量子信息讲座第一讲《量子计算机》以及本书第二作者的《量子》第六章。

2. 实际上，早在1982年，费曼就产生了构造量子计算机的想法。他通过考察量子系统（如原子）的计算机模拟问题，而意外发现了量子系统具有普通的经典计算机所无法模拟的性质。这导致费曼猜测，利用量子系统直接构建的量子计算机可能会具有比经典计算机更强的能力。1985年，德义奇进一步发展了费曼的想法，并首次描述了一种通用的量子计算机。

处于一种奇妙的量子叠加态中，形象地说，粒子可以同时处于两个不同的位置，可以同时通过双缝，可以同时做不同的事情。如果粒子也需要工作的话，它完全可以一边休息，一边工作。那么，这种同时性或并行性会有什么用途呢？很多读者一定会想道：用于计算，并行计算！这的确是一个美妙的想法，对不同的数同时进行计算，当然会节省计算时间。例如，对 0，1，2，…，15 进行平方运算，利用经典计算方法，只能将这些数一个一个地输入计算机，并对它们分别进行计算；而利用量子方法，则可以让系统（如原子）同时处于表示这些数的状态，然后对系统实施一次平方运算操作，这样所有这些数的平方计算将同时完成。

为了更直观地理解这种量子并行计算，我们采用狄拉克符号来表示上述平方计算过程。对于需要计算的输入数 0，1，2，…，15，用输入系统的经典状态 $|0\rangle$，$|1\rangle$，$|2\rangle$，…，$|15\rangle$ 来表示，并假设输出系统的初始态为 $|0\rangle$。对于经典计算，状态的变化依次为：

$$|0\rangle|0\rangle \cdots > |0\rangle|0\rangle$$

$$|1\rangle|0\rangle \cdots > |1\rangle|1\rangle$$

$$|2\rangle|0\rangle \cdots > |2\rangle|4\rangle$$

$$\cdots$$

$$|15\rangle|0\rangle \cdots > |15\rangle|225\rangle$$

而对于量子并行计算，初始的状态为量子叠加态：

$$(|0\rangle + |1\rangle + |2\rangle \cdots + |15\rangle)|0\rangle$$

于是对系统的一次计算操作将导致所有的平方运算同时进行，即结果态为：

$$|0\rangle|0\rangle + |1\rangle|1\rangle + |2\rangle|4\rangle \cdots + |15\rangle|225\rangle$$

这正是典型的量子纠缠态。

现在，你也许已经注意到了一个重要的问题，即尽管上述的量子计算是同时进行的，但如何得到所有这些并行计算的结果呢？无疑，这需要对系统进行测量，看一看它的输出态是什么。可惜的是，量子力学的规律并不允许同时得到这些结果，每次测量只能随机地得到一个确定的结果。对于上面的计算，结果将是

|0>, |1>, |4>⋯, |225> 中的某一个。很显然，为了得到所有的结果，必须对多个同样的系统进行相同的计算，那样量子力学规律才会允许人们获得所有的结果。

看到这里，你也许有些灰心，既然无法同时得到量子并行计算的所有结果，而同样必须进行多次测量，那么量子计算似乎不会节省计算时间。一般来讲，你的担心是对的，即对于一般的量子计算，它并不会比经典计算更快。对于经典计算，计算所花费的时间为对每个输入数进行计算的时间总和，它正比于所需计算的输入数的数目；而对于量子计算，计算所花费的时间为对多个同样的系统进行计算的时间总和，它正比于所需测量的系统的数目。为了得到所有的计算结果，系统的数目必然要比所需计算的输入数的数目多。

那么如何能利用量子并行计算的巨大潜力呢？出路之一是，对于某些计算问题，不需要获得所有的计算结果。然而，由于量子计算结果的随机性，这一般等价于对随机选择的与系统数目同样多的输入数的经典计算，除非在计算结果中存在某种规律性（如周期性），而所需解决的问题也正是要找到这种规律性。的确，这正是索尔利用量子并行性来解决大数分解问题的关键！

让我们继续分析上面的例子。现在我们不仅要计算输入数的平方，而且要进一步求平方数除以 2 的余数。我们的目标是要找到计算结果中所存在的周期。容易看出，计算结果态为：

$$|0>|0>+|1>|1>+|2>|0>\cdots+|15>|1>$$

而计算结果中的确存在一种周期性规律。然后，我们对输出态进行测量，根据量子力学规律测量结果只能是 0 或 1。假设测量结果是 0，那么测量后的坍缩态为：

$$(|0>+|2>\cdots+|14>)|0>$$

可以看出，计算结果中存在的周期性信息已转移到输入态中。问题是，有没有一个更好的方法，可以不通过对输入态进行直接测量而发现所需寻找的周期呢？这种方法如果存在，它无疑需要先对输入态进行某种非测量性的变换操作（即线性薛定谔演化），以将所需寻找的周期值转移到单个测量结果中，而不是如原来那样仍存在于大量测量结果的分布中。这是一个简单的数学问题，给定一系列周期性数据，求它的周期。法国数学家傅立叶于19世纪就已经解决了这类问题，方法就是利用他发明的傅立叶变换来处理给定的数据，从而可求出它的频率。这里，我们同样可以对输入系统的状态进行傅立叶变换操作，变换后的结果态为：

$$(|0> + |8>)|0>$$

由于变换前输入系统的状态数据中存在周期性，并且周期只有一个，而傅立叶变换后的状态将只包含有关这个周期的数据，因此，变换后输入系统的叠加态分支明显减少，这是减少测量操作的关键；同时，由于傅立叶变换本身的操作比测量出全部计算结果的操作更节省时间，这种方法将比经典计算更加快速有效。

现在，我们可以对输入系统进行测量了，结果将是0或8。如果获得了结果8（这只需很少的几次测量，甚至一次即可），那么利用傅立叶变换的规律，所需寻找的周期为：

$$T = 16/8 = 2$$

当然，你早已看出这个结果了，但是对于复杂的求周期问题，如大数分解问题，量子计算将会更快得到答案。具体地说，它会在多项式时间内将大数分解，而普通计算机则一般需要指数时间才能完成。例如，对一个400位的密码数字进行因数分解，使用目前世界上运算速度最快的巨型计算机也要花费几十亿年，而如果利用上述量子算法来做，只要几小时甚至几分钟的时间就可以完成！这里，我们要再次感谢贝尔实验室的索尔先生，因为是他最早发现的这种快速的量子并行算法。

对于量子计算机，即进行量子计算的机器，经典计算机的很多词汇仍可以保留，只是前面都要加上“量子”一词，如量子比特（Qubit）、量子逻辑门、量子寄存器等等。当然，它们的含义也将增添新的量子内容，这些变化本质上是由于量子计算机的物理载体是直接的量子客体（如原子），它运行所依据的是量子力学规律。例如，2000年，IBM公司的华裔科学家艾萨克·庄（Isaac

L.Chuang）领导的小组成功研制出了用5个原子组成的量子计算机。

图7.7 试管中的量子计算机

我们知道，经典比特只能为0或1，而相应的量子比特则可以同时为0和1，它可以写为：

$$|0>+|1>$$

很明显，利用量子比特来存储数据可以大大节省内存空间。可以看出，一个量子比特可以同时存储两个数0和1，而两个量子比特就可以同时存储4个数，即：

$$(|0>+|1>)(|0>+|1>)=|00>+|01>+|10>+|11>$$
$$=|0>+|1>+|2>+|3>$$

依此类推，N个量子比特将可以存储2^N个数。例如，存储0到$2^{30}-1$之间的数需要1G的经典内存，而对于量子计算机而言，只需要30个原子而已。值得一提的是，250个量子比特就可以存储比宇宙中所有原子的数目还要多的数据。这是多么惊人的存储能力啊！但是，如果不能对存储的信息进行比经典计算机更快的搜索和处理，那么量子计算机在节省存储空间的同时，将需要花费更多的信息提取时间。那么，是否存在一种快速的量子搜索算法呢？聪明的人总会有办法。1996年，贝尔实验室的科学家格罗弗（Lov K. Grover）果然找到一种搜索算法，利用它可以在量子数据库中快速找到所需要的信息。下面我们来看一看这是如何做到的。

图7.8 格罗弗

假设在量子存储器中存储的

信息是一个庞大的电话号码数据库，它主要由人名与电话号码的对应表组成。考虑到归一化，并假设所有存储项具有相同的权重，我们可以将量子存储器的状态写为：

$$\frac{1}{\sqrt{k}}(|n_1>|p_1>+|n_2>|p_2>+|n_3>|p_3>\cdots+|n_k>|p_k>)$$

其中状态 $|n_i>$ 为人名的量子编码态，状态 $|p_i>$ 为电话号码的量子编码态，k 为号码簿中存储的总项数。这又是一个量子纠缠态！现在的问题是，如何能快速地根据人名找到对应的电话号码，例如，我们想找到 $|n_3>$ 的电话号码 $|p_3>$。

很显然，如果直接对这一存储器状态进行测量，我们将只能随机地得到一个人名和对应的电话号码，而要找到所需要的电话号码，这种查找方法将与经典方法一样花费太多的时间。回想一下前面用来发现周期的量子方法，我们的目标还应当是：尽可能地将所要寻找的答案转移到单个测量结果中，而不是留在大量测量结果的分布中。好，现在就来看一看怎样做到这一点。

由于预先知道所要寻找的人名及其量子编码态 $|n_3>$，因此可以利用所允许的量子变换操作来增加存储器叠加态中的分支 $|n_3>|p_3>$ 的权重。这里，找到有效的量子变换是关键。由于所进行的变换操作要满足量子力学规律，每次变换所导致的子态 $|n_3>|p_3>$ 权重的增加有一个最大值，这个最大值为 $\frac{1}{\sqrt{k}}$ 的量级。因此，当进行了 $\sqrt{k}$ 次左右的量子变换操作之后，$|n_3>|p_3>$ 态的权重将接近 1，而其余项的权重总和将接近 0。请注意，所有项的权重之和为 1。这时，该是进行测量的最佳时机了，测量后我们将以几乎 100% 的概率测量到人名态 $|n_3>$，并发现对应的号码态 $|p_3>$，从而也就找到了所需查询的电话号码。可以看出，这种量子搜索算法所需搜寻的次数为　的量级，而采用经典搜索算法所需搜寻的次数将为 k 的量级。例如，如果要在一个存储了全球电话号码的数据库中找到一个人的号码，“深蓝”超级计算机要花费几十个月的时间，而利用量子搜索算法则只需十几分钟。

看到这里，你或许开始佩服量子的神奇计算能力，并暗下决心去发现更多、更快的量子算法。的确，量子计算仍然是一个尚

量子纠错

量子计算的优越性主要体现在量子并行处理上，而这必须基于量子相干性。在量子计算机中，执行运算的量子比特不是一个孤立系统，它会与外部环境发生相互作用，而结果就会导致量子相干性的衰减，或者说导致消相干。加拿大物理学家 W. G. Unruh 曾定量分析了这种消相干效应，结果表明，量子相干性将发生指数衰减。这无疑给量子计算机的研究泼了冷水。由于量子计算要利用量子相干性，而相干性的丧失就会导致计算结果出错，这就是量子错误。除了消相干会导致量子错误外，其他一些技术原因，如量子门操作中的误差等，也会导致量子错误。因此，关键的问题就变成，在门操作和量子存储都有可能出错的前提下，如何进行可靠的量子计算？又是索尔，他在 1995 年提出了量子纠错的思想来解决这个棘手的问题。

量子纠错是经典纠错码的量子类比。在 20 世纪 40 年代，经典计算机刚提出时，也曾遇到类似的难题。其解决方法就是采取冗余编码。例如，如果输入 1 比特信号 0，可通过引入冗余度将其编码为 3 比特信号 000，如果在存储中，3 比特中任一比特发生错误，如变成 001，则可以通过比较这 3 比特信号，按照少数服从多数的原则，找到出错的比特，并将其纠正到正确信号 000。这样，虽然在操作中有一定的错误率，但计算机仍可以进行可靠运算。索尔的编码就是这种思想的量子类比，但在量子情况下，问题变得更加复杂。量子运算不再限制于态 |0 > 和 |1 >，而是二维态空间中的所有态，因此量子错误的自由度也就大得多。另一个更本质的原因是，根据量子不可克隆定理[1]，对一个任意的量子态进行复制是不可能的。为此，索尔给出了一个完全新颖的冗余编码，他利用 9 个量子比特来编码 1 比特信息，通过此编码，可纠正 9 个比特中任一比特的所有可能的量子错误。在索尔结果的基础上，各种量子纠错码接二连三地被提出。此外，本书第一作者所提出的量子避错编码也是解决消相干问题的一种重要方法。最新的研究结果表明，在量子计算机中，只要门操作和线路传输中的错误率低于一定的阈值，就可以进行任意精度的量子计算。这些结果显示出，在通往量子计算机的道路上，已经不存在任何原则性的障碍。[2]

---

1. 有趣的是，尽管不存在严格的量子克隆，却可以有概率量子克隆。本书第一作者首次提出这一方法，并在实验上成功研制出概率量子克隆机。

2. 然而，量子计算的实现目前在技术上仍存在严重的困难，主要表现为实现量子计算的物理体系（即多个量子比特的量子逻辑网络）很难获得。尽管在腔 QED、离子阱、核磁共振、量子点等系统已实现少数量子比特，但距离真正的量子计算机还相差很远。

待开发的神秘疆域，而人们目前所看到的只是冰山的一角。我们衷心希望读者能从这里出发，去探索和开发更广阔的量子信息应用领域。

7.5 量子密码术[1]

量子由于其惊人的并行计算能力而可以轻易分解大数，进而破解现有的商用密码系统，如 RSA 公钥体系。那么，是否存在一种更加安全的加密系统，连量子计算机也无法破译呢？俗话说，有矛就有盾。这种密码系统的确存在，它就是量子密码。这不能不让我们再次感叹量子的神奇能力！

我们知道，密码学所采用的加密方法通常是用一定的数学变换来改变原始信息。这种改变信息的方法被称为密钥，而一旦找到了密钥就可以破解被加密的信息。密钥一般需要在加密系统内

保密通信

现代保密通信的一般过程如下。发送者爱丽丝采用密钥 K（随机数）将她要发送给接受者鲍勃的明文通过某种加密规则变换成密文，然后经由公开的经典信道传送给鲍勃，后者采用密钥 K' 通过适当的解密规则将密文变换成为明文。按照密钥 K 和 K' 是否相同，密钥系统可分为对称密码（$K=K'$）和非对称密码（$K \neq K'$）。目前广泛用于网络、金融行业的是非对称密码，它是一种公开密钥，即解密法则、加密的密钥 K 均是公开的，只是解密的密钥 K' 不公开，只有接收者本人知道。这种密钥的安全性基于大数因子分解这样一类不易计算的单向性函数。数学上虽未能严格证明这种密钥不可破译，但现有经典计算机几乎无法完成这种计算。

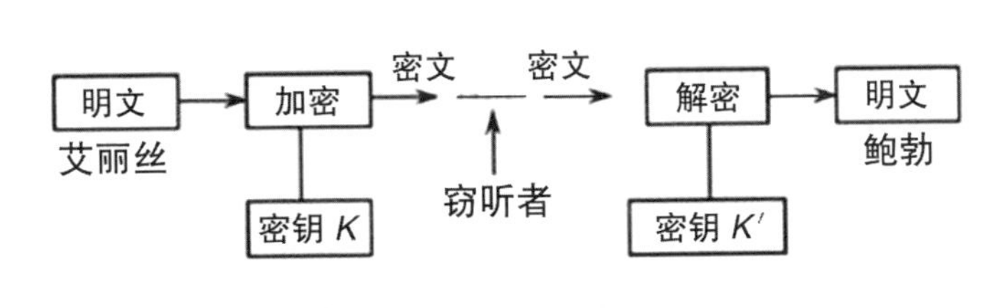

图 7.9 保密通信原理图

传输，而如何让密钥在传输过程中不会被窃取就成为一个关键问题。目前广泛使用的方法主要是“公钥加密法”，如 RSA 密码算法。这种方法之所以安全，是因为应用了因子分解这种困难的数学问题，即要计算两个大质数的乘积很容易，但要将乘积分解回质数却极为困难。然而，传统的加密方法原则上都是可以破译的，只是所需时间的长短问题。而一旦量子计算机的研究达到实用化，它将可以在很短时间内就攻破 RSA 公钥体系。那么，在保密通信方面，小小的量子又能帮我们做些什么呢？

实际上，这个问题对于量子而言非常简单；只要将量子态作为密钥并通过量子通道传送即可。这种量子密码的安全性完全由量子力学原理所保证。我们知道，窃听者的基本策略一般有两类：一是通过对所传输的量子态进行直接测量，从其测量结果中来获取所需的信息。然而，根据量子力学规律，一个未知的量子态无法完全被测知，而且对量子态的任何测量还会干扰量子态本身，如导致严重的波函数坍缩过程等。因此，这种窃听方式不仅得不到密钥信息，还会留下痕迹而被用户发现；第二种窃听策略是避开直接的量子测量而采用量子复制机来复制传送信息的量子态，窃听者将原量子态仍传送给用户，而留下复制的量子态进行测量以窃取信息，这样似乎就不会留下任何会被发现的痕迹。但是，量子不可克隆定理将导致窃听者不会成功，因为任何物理上可行的量子复制机都无法克隆出与输入量子态完全一样的量子态。因此，量子密码术原则上可以提供不可破译、不可窃听的保密通信体系。

图 7.10 本奈特

目前，量子密码通信的方案主要有本奈特和布拉萨德（G. Brassard）1984 年提出的四态方案——BB84 协议，本奈特1992年提出的两态方案——BB92协议，以及埃克特（A. K. Ekert）于1991年提出的EPR粒子对方案——E91协议等[1]。下面我们以光子偏振为例介绍一下BB84方案，其中密钥由光子的偏振态携带。光子可以处于两种偏振模式中的一种，即直线模式（垂直或平行）和对角模式（与垂直呈45°角）。在每种模式中，光子的不同偏振分别代表0和1这两个量子比特。具体的通信过程如下：发送者艾丽丝随机地以直线或对角模式发出一串光子（代表一串量子比特）。接收者鲍勃也随机地决定以两种模式之一来测量接收到的光子。根据量子力学原理，他只能以一种模式来测量光子，而不能同时用两种。如果鲍勃所使用的测量方法和艾丽丝相同，那么他会得到艾丽丝所发送的值；如果鲍勃所使用的测量方法与艾丽丝的不同，所得到的值就有一半的概率和艾丽丝的不同。那么，鲍勃如何知道他的测量方法对不对呢？这里有一个巧妙的办法，那就是艾丽丝和鲍勃都公开他们所用的测量方法（而不是测量的结果），这种公开的信息对窃听者爱娃没有用处。如果方法相同，那么鲍勃就保留接收到的比特，如果不同，或者检测到被窃听，他就舍弃

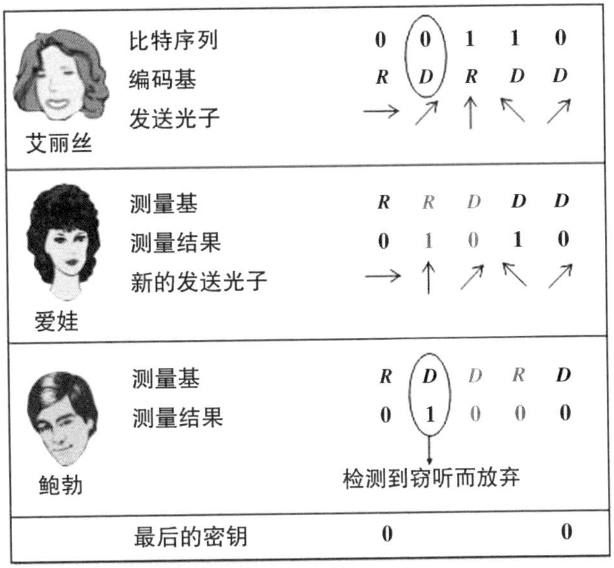

艾丽丝	比特序列	0	0	1	1	0
	编码基	*R*	*D*	*R*	*D*	*D*
	发送光子	→	↗	↑	↖	↗
爱娃	测量基	*R*	*R*	*D*	*D*	*D*
	测量结果	0	1	0	1	0
	新的发送光子	→	↑	↗	↖	↗
鲍勃	测量基	*R*	*D*	*D*	*R*	*D*
	测量结果	0	1	0	0	0
			检测到窃听而放弃			
	最后的密钥	0				0

图7.11　BB84方案原理图

1. 值得指出的是，量子密码理论的雏形最早由美国哥伦比亚大学的威斯纳（S. Wiesner）于20世纪70年代提出。威斯纳认为，量子物理学至少在原则上可用于完成两项从经典物理学观点看来不可能进行的工作：其一是制造物理学上绝对防伪的钞票，另一项就是利用量子来传送消息的方案。遗憾的是，由于这些想法过于离奇，他的文章被拒绝刊登，直到1983年才得以在会议文集上发表。而本奈特和布拉萨德正是受到这些想法的启发，才提出了量子密码术的具体方案（如BB84等）。

该比特。这样，通过不断重复上述步骤，艾丽丝就可以向鲍勃发送一个多比特的共同密钥。

最早的量子密码通信利用的都是光子的偏振特性，而现在更多的实验方案是用光子的相位特性进行编码。与偏振编码相比，相位编码对光的偏振态要求并不严格，更适合长距离光纤传输。量子密码通信的第一个可行性实验是由本奈特等人于1989年完成的。1993年，英国国防研究部首先在光纤中实现了基于BB84方案的相位编码量子密钥分配，光纤传输长度为10公里。随后，瑞士日内瓦大学和美国洛斯阿拉莫斯国家实验室等研究机构也都成功地进行了长距离的光纤和自由空间中的量子密码通信。近年来，我国在实用化的量子密码通信，尤其是量子密钥分配方面，引领了国际水平。由本书第一作者领衔的中国科学院量子信息重点实验室团队于2012年在标准电信光纤中完成了260公里量子密钥分发实验。2016年中国发射了量子科学实验卫星“墨子号”，在1200公里通信距离上实现了星地量子密钥分配。

为了进一步延长通信距离，科学家们正在加紧研制量子中继器和量子存储器等这些新的奇妙装置，它们所基于的还是量子纠缠。可以说，量子密码通信技术已经从理论走向实验，并正在从实验室走向成熟的产品应用。有朝一日，人们之间将真正可以进行完全保密的量子通信。让我们共同期待吧！

跋　爱因斯坦 2.0

2035 年 5 月的一天早晨，爱因斯坦二世像往常一样准时来到普林斯顿高等研究院的办公室。他来普林斯顿小镇快两年了，已经熟悉并开始喜欢这个恬静的“世外桃源”。办公桌上放着他刚刚发表在《物理评论快报》上的论文。他拿起来看了看，脸上露出孩子般顽皮的微笑——他终于揭开了量子纠缠之谜，并找到了通往量子实在的道路。■■

也许这不只是科幻小说里的情节，也许下一个爱因斯坦真的会在不久的将来揭开量子纠缠之谜，并发现量子实在的真实图像。爱因斯坦于 1935 年最早让人们注意到量子纠缠，然而，这个小精灵却使人们探寻实在的巨轮越来越远离他所留恋的经典之岸，它最终会驶向何方呢?

历史也许会告诉未来。20 世纪初，物理学家面临两大难题。第一个难题涉及光波的粒子性质。由于波动需要媒介，而被认为用来传播光波的媒介——以太在实验上并未发现，从而暗示光将具有某种粒子属性；第二个难题涉及物质的波动性质。利用原子和分子的粒子性质所导出的气体比热无法与实验测量结果相一致，从而说明物质又必然具有某种波动性质。

第一个难题暴露出了 19 世纪两大基础理论——牛顿力学和麦克斯韦电磁场理论之间的深刻矛盾。这一矛盾促使爱因斯坦创立了狭义相对论（1905），并试探性地提出光量子假说，然而相对论并未彻底解决这一难题。由于相对论的成功，场作为与粒子相对立的新的物质存在形式渐渐被人们普遍接受，并成为爱因斯坦试图建立统一场论并完善量子力学的根本基础。然而，量子场论的发展却再一次证明了场与粒子的统一性。必须承认，人们的所有努力仍未最终解决光究竟是怎样一种物质存在形式的问题。

对于第二个难题，历史上它导致了量子理论的诞生，也正是爱因斯坦第一个清晰地认识到这一困难与物质的波动性有关（1909）。爱因斯坦的认识引导德布罗意大胆提出了物质波思想，并最终导致薛定谔发现了量子理论的波动力学形式。然而，尽管人们普遍认为量子理论的数学形式体系已被牢固地建立起来，但关于它的物理意义问题却一直争论不休。这本质上仍然涉及如何理解物质的粒子性质和波动性质的统一。

在科学已迈入21世纪的今天，我们竟面临相似的困境。一方面，20世纪初人们所遇到的两大难题的核心——波粒二象性仍然没有被真正理解，它的神秘仍在困扰着我们；另一方面，令人回味的是，20世纪初人们为了解决牛顿力学与麦克斯韦电磁场理论之间的矛盾而创立了新的基础理论——相对论和量子力学，然而，在21世纪初，人们却发现这两个理论之间同样存在着根本的矛盾；量子力学的非定域性与相对论的定域性之间的不相容问题甚至被称为20世纪末物理学晴空中的又一朵乌云。更为严重的是，我们今天面临着更大的困难。原因在于，一方面，大多数物理学家在思想上对这种困难局面并未形成清晰的认识，并且大量新解释的出现也使这一观念上的困难变得更加错综复杂；另一方面，随着人类探索自然的不断深入，实验技术越来越落后于理论研究，它现在还无法指示我们如何去协调和统一相对论与量子力学。

无疑，我们需要新的爱因斯坦，需要找回那个有思想、有活力、藐视一切权威的毛头小伙子。为此，我们首先要超越爱因斯坦。在他提出光量子、建立相对论后一百年的今天，如果人们还无法超越他最初的思想，甚至不敢谈论超越这件事，那不是表明爱因斯坦的伟大，而是说明人类的渺小。超越是科学发展的必经之路！让我们还是引用爱因斯坦自己的话吧，他在 1949 年曾说过："我感到在我的工作中没有任何一个概念会很牢固地站得住的，我也不能肯定我所走的道路一般是正确的。"而对于相对论，爱因斯坦则认为："它肯定会被一个新的理论所取代……我相信深化理论的进程是没有止境的。"

从经验和历史方面来看，爱因斯坦是难以超越的。基于他的思想所建立的相对论和量子理论已经得到了极其精确的实验验证。例如，量子场论的预言与实验结果已经吻合到小数点后的第 13 位，甚至更多。尤其是，至今还没有一个确定的经验事实与这些理论的预测相违背。这意味着没有任何经验启示引导我们去超越爱因斯坦，而那些超越他的新思想也几乎无法得到实验的检验。相比之下，最初产生爱因斯坦伟大思想的时代则充满了不断发现的新经验。它们要求并引导人们对物理学的基础进行变革，而新的思想也很容易得到实验的检验。例如，19 世纪末物理学晴空中的两朵乌云都与新经验有关。第一朵乌云表现为以太漂移实验的零结果无法得到解释，第二朵乌云表现为气体比热和热辐射能谱的实验测量结果无法得到解释。此外，光电效应现象也显示了当时理论的局限性。正是这些新的经验促使并引导爱因斯坦创立了狭义相对论，试探性地提出光量子假说，并注意到光的波粒二象性。

然而，在 21 世纪初的今天，尽管物理学面临相似的理论困境，但经验却不能指示人们如何走出困境。20 世纪初，人们发现物理学的两个基础理论——牛顿力学与麦克斯韦电磁场理论之间存在矛盾，但在经验的启示下很快建立了新的基础理论——相对论和量子力学；而在 21 本世纪初，人们同样发现物理学的基础理论之间存在着根本的矛盾，但是由于实验技术的局限性，经验却无法指示人们如何去协调和统一相对论与量子理论。人们很可能在弦和圈的美丽中迷失方向，一如当年爱因斯坦沉浸在引力几何化的优美思想中无法自拔。

更为严重的是，新经验的缺乏导致了大多数物理学家对今天的困难局面缺乏清晰的认识。他们越来越趋向于保守和实用，而忽略对思想本原的探求。他们不理解光速为何不变（它涉及相对论的基础），也不清楚量子是否坍缩以及如何坍缩（它涉及量子理论的基础），并且对这种不理解习以为常，甚至视而不见。正如爱因斯坦所言："今天，在原则问题上居统治地位的仍然是教条式的顽固。"一个直接后果是，大量研究经费投入到更加实用的研究领域，而这些领域是在现有理论适用范围之内的。这些研究并不能指示人们如何超越爱因斯坦，如何发展目前的基础理论，反而更加增加了他的权威性，增加了人们的保守性。在这些领域内的研究者会得到更多的回报，获得更多的权威性，反过来他们便更加维护现有理论，而他们的保守看法甚至也成了主流学术期刊的审稿标准。在这样的学术环境中，超越爱因斯坦的新思想很难发表，即使偶尔发表也无人问津。相比之下，爱因斯坦是十分幸运的。当时的学术氛围比较宽松，学术期刊的编委和审稿人思想都比较开明。要知道，他的相对论文章连一篇文献都没有引用，而在今天这样的文章能够发表是不可想象的。

然而，从思想本身来说，爱因斯坦又是容易超越的。他的工作主要是几个原理和假设，并且这些假设是基于当时人们所获得的经验事实。只要理解了这几个假设，便迈出了超越爱因斯坦的第一步；下一步是根据新的经验，并从逻辑上分析如何发展他的这些思想。这些思想并不是基本的，它们或者有更深刻的逻辑基础，或者存在一定的局限性，而爱因斯坦并未认识到这些基础和局限性。一旦发现它们，我们便超越了爱因斯坦，并为物理学建立了更坚实的基础。

我们知道，爱因斯坦一生主要有三个伟大思想，那就是光量子假说（26岁），狭义相对论（26岁）和广义相对论（36岁）。在"最具革命性"的光量子假说中，爱因斯坦当时并未理解普朗克发现的黑体辐射公式，甚至认为它是错误的，而只是片面地坚持光的粒子解释。直到1909年，他才认识到光的波粒二象性。尽管爱因斯坦一生的大部分时间都在思索神秘的量子，但是他仍然未能理解光量子。爱因斯坦晚年坦然承认："整整50年有意识的思考仍没有使我更接近'光量子是什么'这个问题的答案"；

在狭义相对论中，爱因斯坦巧妙地将光速不变假设与相对性原理调和起来，并因此发现了时空的相对性。然而，这两个原理更多地是来自经验的启示，爱因斯坦并未进一步分析它们的逻辑基础。他不关心光速为何不变，也不确定相对性原理是否存在局限性；在他“一生中最快乐的思想”——广义相对论中，爱因斯坦注意到了惯性质量与引力质量等效的深远含义，并因此将相对性原理成功推广到任意参照系，从而解释了引力现象。然而，爱因斯坦只是简单地假设了惯性力与引力的等效性，但作为广义相对论基础的这种等效性并未得到进一步解释。此外，广义相对论仍然是一个经典理论，它没有考虑量子效应。爱因斯坦后半生致力于建立统一场论，其主要意图也是要寻求量子与引力的结合。遗憾的是，他并没有成功。可以说，尽管爱因斯坦的三个主要思想对物理学的发展产生了巨大的影响，然而它们的逻辑基础仍然没有建立起来。爱因斯坦没有理解它们，今天的人们也未能深刻理解。

此外，爱因斯坦的思想中还存在很多经典偏见。正如爱因斯坦自己所言，他不是一个革命者。爱因斯坦是在经典理论的熏陶下成长起来的，他的相对论也是对经典理论的完善和发展。因此，他不可避免地对经典观念有一种深深的眷恋。例如，爱因斯坦最早注意到随机性在量子层次上的出现（1916），但却仍然固执地维护经典的因果性信念。他最著名的一句话就是“上帝不掷骰子”；爱因斯坦也最早注意到量子非定域性的存在（1927），然而他却将其斥为“幽灵般的超距作用”，而始终笃信定域性假设。另一方面，从科学研究方法上看，爱因斯坦的思想求索还不够深入。他过多地局限于在经验的层面上研究，在经验的启示下探索，而没有对经验启示进行更深入的逻辑探求。例如，爱因斯坦将光速不变假设作为建立狭义相对论的基础，但他却没有进一步追问光速为何不变。这也是导致他始终抱有经典偏见的主要原因之一。

我们相信，无论实在世界多么陌生，多么怪异，多么远离我们的常识，它却是逻辑所能及的。因此，在缺乏新经验事实的情况下，我们只有对已有经验进行更深入的逻辑剖析，对现有思想进行更深入的逻辑审查。这需要牛顿所说的“耐烦思考的能力”。

这些新的逻辑分析将会帮助我们从思想上超越爱因斯坦。此外，在这样的探索过程中，还必须始终怀有一种爱因斯坦所说的宇宙宗教感情。在分析一个重要的经验现象时，在探查一个关键的逻辑论证时，如果没有一种真正的思想融入，没有一种莫名的冲动和激情，没有一种极度兴奋的精神震颤，是不会有思想上的新发现、新突破的。这样的思索过程可能会持续很久，直到一点灵感火花的闪烁，直到一个全新思想的突现。这是科学发现的必经之路！

最后，我们衷心祝愿这本小书会激励新的爱因斯坦去揭开量子纠缠之谜，去完成物理学的伟大统一。

附：

量子信息研究的最新进展

史保森，韩永建，郭光灿

（中国科学院量子信息重点实验室，中国科学技术大学）

近年来随着理论研究的不断深入、技术手段的不断更新和提高，更多的重要研究成果不断涌现，量子信息技术正在快步走出实验室，迈向实用化，一个崭新的量子信息时代正在向我们走来。在本书的收尾部分，我们将简要回顾近年来量子信息研究的重要进展，从中可以看出国内外在量子信息领域内的主要研究方向所取得的巨大进步。

量子信息的研究主要包括如下几个重要研究方向[1]：（1）量子密码与量子通信：利用量子态实现信息的编码、传输、处理和解码，特别指利用量子态（单光子态和纠缠态）实现量子密钥的分配；（2）量子计算：利用多比特系统量子态的叠加性质，设计合理的量子算法，并通过合适的物理体系加以实现（通用量子计算）；（3）量子模拟：在通用的量子计算机无法实现的前提下，利用现阶段已经可以很好控制的小规模的量子系统来实现一些在其他系统中难以实现的物理现象演示（专用量子计算）；（4）量子传感：利用量子系统状态对环境的高度敏感性，对我们感兴趣的特定参数进行高灵敏度探测；（5）量子计量：利用特定量子态（比如 NOON 态、GHZ 态、压缩态等）的强关联性质将噪声对系统的影响降低，进而实现系统的高精度度量。下面我们分别阐述以上几个重要研究方向的热点问题和研究进展。

1. 实用化的量子密码系统研究

常用密码体系的安全性由计算复杂性决定（如公钥密码体系

（RSA）就是基于尚无大数因子分解有效算法构建的），随着算法研究的发展，这种密码体系存在被破译的可能，并非绝对安全可靠。而量子密码体系的安全性是由基本物理原理保证，可以实现绝对安全的信息处理。量子密钥分发是量子密码体系的核心，是目前量子通信领域最成熟、也是最接近实用化的一个研究方向。近年来世界各国开展了面向实用化的示范性局域网、广域网的构建研究，取得了许多重大进展。

通信距离是衡量一个通信系统优劣的重要指标。光子是天然的量子信息载体，因而实现量子通信的关键问题是如何把加载信息的光子（或用于建立密钥）从一个地方高速地传输到足够远的另一个地方。由于传输信道（比如光纤或自由空间）本身的特性，光子将不可避免地因各种原因（比如散射、吸收等）产生损耗，且这种损耗随着传输距离的增加呈现指数增加，因而单光子的有效传输距离将会受到极大的限制。解决这个问题的关键就是引入量子中继[2]，这是当前量子通信和量子密码系统研究的核心问题。

为了解决单光子随距离指数衰减的问题，量子中继的核心思想是将建立长程量子纠缠对的难题改为先建立一系列短程量子纠缠对，然后再利用纠缠交换的方法来拓展距离、进而达到建立远距离量子纠缠对的目的。要实现量子中继的方案并不容易：首先，必须能够快速建立短距离的量子纠缠对，这就需要高效地产生大量的纠缠对。其次，短距离量子纠缠对的建立是概率性成功的，而纠缠交换时需要两对纠缠对同时存在，为此需要一个按需读取（on-demand）的量子存储器。此外，纠缠交换的操作对量子探测器的效率也有极高的要求：量子中继的成功概率强烈地依赖于它。再者，由于操作误差和环境影响，建立的短程纠缠对可能并非最大纠缠，因而下一步使用之前需要对其进行提纯，这需要消耗大量纠缠对。由此可见，实用化的量子中继对一些核心量子器件如量子存储器、量子探测器等的关键指标如效率等都有很高的要求。近年来，人们在相关的关键技术方面都取得了长足的进展：量子存储在不同的物理系统中都取得了重要进展，如固体存储系统中的量子相干性已可以保持 6 小时[3]，而冷原子系综中量子态的存储时间也已达到亚秒量级[4]，这些重要进展为最终构造可用的量子中继、进而实现远距离的量子通信打下了坚实基础。在未来相当长的时间内，实现量子中继仍将是一个具有挑战性的目标。

通信速率是衡量通信系统优劣的另一个重要指标。如果可以实现以上相对简单的量子中继方案，那么如何提高量子通信的传输速率是另一个重要的问题。上面提到的中继方案中涉及的纠缠纯化、信息的来回传输都将极大地限制信息的传输速率。为了达到较高信息传输速率，比如达到 1Mb/s 以上，这类通常的量子中继方案将不再适用，而基于量子纠错的量子中继方案将起着关键性的作用。因此，基于容错的量子中继在未来也是一个研究重点。

尽管目前还没有可用的量子中继，但利用现阶段的量子通信技术已经可以实现城域网量子保密通信（如在合肥、芜湖等地构建的政务网）。量子密钥可以通过单光子的量子态来传输（量子纠缠并非不可或缺）。在这一方案中，单光子源的品质对量子通信的传输有重要影响。到目前为止，提取效率 66%、单光子性优于 99% 的单光子源也已实现[5]，这已经能够满足城域网范围内的量子通信要求。我国在实用化的量子密钥分配方面引领了国际水平：在局域网构建方面，中科大潘建伟院士团队于 2012 年在合肥实现了由 6 个节点构成的城域量子网络。该网络使用光纤约 1 700 公里，通过 6 个接入交换和集控站，连接 40 组“量子电话”用户和 16 组“量子视频”用户。由郭光灿院士领衔的中国科学院量子信息重点实验室团队在 2005 年就已经在商用的光纤上实现了北京和天津之间 125 公里的量子密钥传输实验，并于 2012 年在标准电信光纤中完成了 260 公里量子密钥分发实验[6]，系统工作频率为 2GHz。发展更高传输率、更稳定的城域量子通信网络仍是量子通信实用化的重要问题。在广域网构建方面中国同样处于国际领先位置：中科大郭光灿团队在 2014 年就建成了合－巢－芜量子广域示范网[7]。该网络通过中国移动的商用光纤连接合肥、巢湖、芜湖三个城市，其中合肥局域网由 5 个节点组成，巢湖一个节点，芜湖3个节点。实地光纤总长超过200公里，全网运行时间超过5 000小时，是目前有公开学术报道的国际同类网络中规模最大、距离最长、测试时间最长的网络之一，也是首个广域量子密钥分配网络。2013年由国家发改委批复的从北京到上海的基于可信中继的总长超过2 000公里的京沪量子通信总干线也已建成，并于2017年8月底通过技术验证及应用示范项目技术验收：在京沪之间设置多个可信中继站点，在每个站点将量子信息转变为经典信息，再重新编码为量子信息并传输到下一个站点，从而实现远程量子态传输。

在没有量子中继可用的前提下，实现远程量子通信的另一个可能方案是基于自由空间传输的量子通信，这也是一个非常重要的研究方向。德国慕尼黑大学的科研小组开展了飞行物体与固定基站之间的量子通信研究，于2013年首次实现了一架盘旋飞行中的飞机与地面站之间的量子密钥分发[8]。飞机的飞行速度为290公里/小时，与地面站之间的距离为20公里。2012年奥地利维也纳大学的研究团队在加那利群岛中相距147公里的两个小岛之间（特内里费岛和拉帕尔马岛）实现了量子隐形传态，两个节点之间的空间距离与地球近地轨道和地面站之间的距离相比拟[9]。近年来我国在此领域也取得了一系列重要进展，处于世界领先水平：2012年潘建伟团队在青海湖利用地基实验模拟星地之间的通信，实现了百公里级的量子隐形传态和双向纠缠分发[10]；2016年中国发射了量子科学实验卫星“墨子号”，开展星地量子通信研究，目前已取得多项重要进展：采用卫星发射量子信号，地面接收的方式，在1 200公里通信距离上，实现星地量子密钥分配，平均成码率可达1千1百比特每秒[11]；并在国际上率先实现千公里级星地双向量子纠缠分发和量子力学非定域性检验[12]。同时还采用地面发射纠缠光子、天上接收的方式，实现了通信距离从500公里到1 400公里的量子隐形传态，所有6个待传送态均以大于99.7%的置信度超越经典极限[13]。这些成果为我国在未来继续引领世界量子通信技术发展和空间尺度量子物理基本问题检验前沿研究奠定了坚实的科学与技术基础。

2. 可扩展的容错量子计算

实现大规模的量子计算是量子信息技术的最重要目标，同时也是巨大的技术挑战。在过去的10年中，人们在理论方面做了大量的工作，提出了很多新的理论和方法，提高了实现量子计算的可能性，特别是容错量子计算的证明极大地提高了量子计算的可行性。目前在理论上实现量子计算已没有原则性的障碍，人们甚至已经开始设计大规模量子计算的芯片构型。

理论上人们已经证明了阈值定理。只要我们对量子系统操作的精度超过一定的限制（比如误差低于 10^{-5}）[14]，即使存在噪声的影响和操作误差，我们也能通过量子编码和纠错操作得到正确的计算结果。当然，在具体的计算中，根据计算规模和编码的不同，需要的阈值也不同，对某个具体问题的操作精度没有阈值定理设定的要求那么高。一般来说，计算的时间越长，计算规模越大，编码层数越多，对阈值的要求也越高。人们总是希望通过改进编码的方式以期获得更高的阈值，进而降低实验实现的难度。人们发现通过引入拓扑编码可以有效降低操作的难度，提高阈值。利用表面码（surface code）编码[15]（这是平面码，对微纳加工有好处），计算的阈值可以提高到1%的量级。如果使用拓扑保护的马约拉纳（Majorana）零模作为编码方式，容错的阈值甚至可以提高到14%[16]。寻找阈值更高、更便于实现、更高效的量子编码仍然是未来一段时间内量子计算理论中的重要问题，特别是针对特定的实验系统的编码。

满足量子操作的阈值条件是实现普适量子计算的核心前提。在过去的若干年中，基于不同物理体系的实验都取得了长足的进步，特别是在离子阱系统[17]和约瑟夫森结超导系统[18]中：这两个系统中单比特操作和两比特操作的精度都已经达到和超过了实现容错量子计算的阈值要求（逻辑门的保真度都超过了99.9%）[19]。实验研究的下一步目标是看到量子编码的容错性。基于离子阱系统的实验中已经看到了量子容错的迹象[20]，这是迈向普适容错量子计算的关键步骤。

目前量子计算机的实现存在两个不同的路径。大部分物理系统（离子阱、部分超导系统、量子点、金刚石色心系统等）都是在先保障量子性的基础上逐渐扩大系统，进而实现普适的量子计算。如何在保障纠缠的基础上实现可扩展是当前遇到的主要问题。可扩展性涉及计算模型（比如分布式计算）以及物理构型设计等一系列的问题。另一条是以D-Wave公司为代表的超导系统，首先考虑实现系统的可扩展性。现在该公司已经能够控制512个量子比特（甚至更多）[21]，并能利用它实现绝热算法。虽然这个系统的量子性以及它是否能超越经典计算机还存在巨大的争议，但它无疑提高了人们对实现可扩展量子计算的信心。需要指出的是D-Wave公司的计算机并不是普适的量子计算机，它是为特定算法而设计的专用量子计算机。

实验方面还特别值得一提的是有关马约拉纳零模的实验进展，目前大量的实验证据都支持它的存在[22]。具有非阿贝尔交换特性的马约拉纳零模是实现拓扑量子计算的理想载体，利用它来做量子比特可以获得极高的阈值，不同比特之间的操作只需要实现不同Majorana零模的交换即可。然而在固态系统中实现可控的马约拉纳零模交换是一件很困难的事情，这需要发展新的实验技术[23]。

针对某些特定问题的研究对量子操控的要求并没有对普适量子计算的要求高。为了体现量子系统在解决问题方面相对于经典系统的优越性，人们正在尝试针对一些特殊的问题开展研究。虽然解决这些问题要求的技术难度相对低，但可以表明量子超越的潜力，这方面最著名的例子是玻色取样问题[24]。玻色取样本身是一个NP hard问题，用经典的计算机很难处理（即使用强大的天河Ⅱ号超级计算机，在光子数超过50后都无法计算）。但利用量子器件，人们可以有效地求解它。尽管求解此问题不需要复杂的逻辑门操作，也不需要编码，相对容易实现，但它对单光子光源有很高的要求，人们正在为实现这一目标而努力。在量子比特超过50的情况下，在特定问题中超导系统的计算能力将超过现有的超级计算机进而实现所谓的量子霸权，D-Wave和Google公司正在为实现这一目标而努力。可喜的是中国科学家也在该领域取得重要进展：中国科学技术大学潘建伟教授团队联合浙江大学王浩华教授研究组，在基于光子和超导体系的量子计算机研究方面取得系列重要进展。在光学体系，研究团队利用高品质量子点单光子源构建了用于玻色取样的多光子可编程量子计算原型机，首次演示了超越早期经典计算机（ENIAC、TRADIC）的量子计算能力[26]。在超导体系，研究团队打破了之前由谷歌、NASA 和 UCSB 公开报道的九个超导量子比特的操纵，首次实现了十个超导量子比特的纠缠[27]，并在此基础上实现了快速求解线性方程组的量子算法。

3. 量子模拟

在现阶段普适的量子计算机还无法实现的情况下，可以利用较小规模的可控量子系统来实现一些我们用常规的方法无法或很难实现的物理现象，进而达到研究它们的目的。特别是在离子阱系统和光晶格系统中，量子模拟都取得了巨大的成功。量子模拟搭建了物理理论和物理现象之间的桥梁。

量子多体关联系统是物理学中最重要也是最困难的问题之一。对于这样的问题，我们还没有办法进行解析求解，甚至不能进行数值求解，已知的数值方法(如密度矩阵重整化方法，蒙特卡罗方法)对很多问题都无法给出可靠的结果。然而很多很重要的物理现象（比如高温超导）与多体强关联有密切的关系，量子模拟提供了研究这种系统的一个新的工具，特别是基于光晶格系统的量子模拟。在此系统中人们通过操控实现一些特定的强关联系统的哈密顿量（比如 Bose–Hubbard 系统的哈密顿量），进而研究在这个哈密顿量控制下的物理过程。到现在为止，这个方法已取得了巨大的成功。除模拟了在凝聚态物理系统中已有的物理系统外，量子模拟还可以研究在常见的凝聚态中无法或很难研究的系统，比如自旋–轨道耦合带来的新现象[28]，二维多体局域化[29]等。

除了凝聚态物理中的问题，量子模拟还可以用来对量子力学基础、黑洞物理和量子场论中的一些问题进行模拟。在离子阱系统中，人们模拟了规范场中的物理；在光学系统中，人们模拟了PT对称世界[30]，研究了PT理论与信息不超光速传播的相容问题[31]；在光学系统中，人们还研究了黑洞中的光传播行为；对这些问题的研究极大地扩展了量子模拟的应用范围。随着量子操控技术的进步，人们将能够设计并模拟各种不同的哈密顿量，进而研究其中的物理机制。

4. 量子传感和精密测量

对物理量的精确测量不仅有助于更深层次的物理学规律的发现（比如微波背景辐射的各向异性），更有其应用上的需求。量子技术的发展使得人们可以对很多物理量的测量获得比经典方法更高的精度。在理论上，人们已经提出了一系列提高量子测量精度的新方法。

时间是最重要的物理量，人类对时间精度的提高贯穿整个人类史。利用量子技术人们可以将时间的测量标准达到前所未有的新高度。Wineland等人在实验上利用离子阱中两个纠缠的离子，将时钟标准的精度提高到了10^{-18}[32]。利用囚禁的原子阵列，时间测量精度还可以进一步提高，甚至可以利用它来直接探测引力波和暗物质。如果利用多个囚禁在不同离子阱中的离子，假设它们处于GHZ态，并把不同的离子阱分布到空间中不同的地方，就可以极大地提高GPS的精度。

一般来说，物理系统总是受到噪声的影响，因而，我们对物理量的测量精度总是受到它的限制。量子技术表明，我们可以利用NOON态来压缩噪声的影响，进而达到海森堡极限。另一方面，量子态本身是很脆弱的，它极易受到环境的影响。基于量子态对环境的敏感性，可以利用量子系统来对某些变化进行探测，这种应用就是量子传感。利用金刚石色心已经实现了对微小磁场的测量[33]，并达到了极高的精度。量子传感和精密测量已经处于应用的前夜。

由于量子信息带来的颠覆性，而且现在这些技术都处于应用或取得重大突破的前夜，各国政府和商业界都积极参与其中。美国国防部和自然科学基金都对量子信息技术给予特别支持；欧盟发表了《量子宣言》，推动量子通信、量子模拟、量子传感和量子计算这四方面的中长期发展，实现原子量子时钟、量子传感器、城际量子网络、量子模拟器、量子互联网和通用量子计算机等重大技术的突破与应用；英国先后发布《国家量子技术战略》和《量子技术路线图》，为国家的量子技术发展提供了蓝图；日本、澳大利亚、加拿大等国也在量子信息技术方面有重大布局。IBM、Microsoft 和 Google 很早就在量子信息技术方面布局，近来更是加大了这方面的投入。在各国政府和企业的支持下，近来量子信息技术取得了巨大的进展，各方面都显示出有新的突破迹象。我们有理由相信量子信息的时代必将到来。

参考文献

[1] Michael A. Nielsen and Isaac Chuang, Quantum Computation and Quantum Information. Cambridge U.P., New York, 2000.

[2] Sangouard N, Simon C, De Riedmatten H, et al. Quantum repeaters based on atomic ensembles and linear optics[J]. Reviews of Modern Physics, 2011, 83(1): 33.

[3] Zhong, M., Hedges, M., Ahlefeldt, R.,et. al., Optically addressable nuclear spins in a solid with a six-hour coherence time, Nature, 2015, 517, 177-180.

[4] Yang S J, Wang X J, Bao X H, et al. An efficient quantum light–matter interface with sub-second lifetime[J]. Nature Photonics, 2016.

[5] Ding, X., He, Y., Duan, Z. C., et. al., On-Demand Single Photons with High Extraction Efficiency and Near-Unity Indistinguishability from a Resonantly Driven Quantum Dot in a Micropillar, Phys. Rev. Lett. 2016, 116, 020401

[6] Wang, S., Chen, W., Guo, J.F., et al., 2-GHz clock quantum key distribution over 260 km of standard telecom fiber, Optics Letters, 2012,37, 1008-1010.

[7] Wang, S., Chen, W., Yin, Z.Qet. al., Field and long-term demonstration of a wide area quantum key distribution network, Optics Express, 2014, 22, 21739-21756.

[8] Nauerth, S., Moll, F., Rau, M.,et. al., Air-to-ground quantum communication, Nature Photonics, 2013, 7, 382–386.

[9] Ma, X.-S. , Herbst, T., Scheidl, T., et al., Quantum teleportation over 143 kilometres using active feed-forward, Nature, 2012, 489, 269–273.

[10] Yin, J., Ren, J. G., Lu, H., et al., Quantum teleportation and entanglement distribution over 100-kilometre free-space channels, 2012, Nature 488, 185–188.

[11] Liao, S. K, Cai, W. Q, Liu, W.Y, et. al., Satellite-to-ground quantum key distribution, Nature(2017)doi:10.1038/nature23655.

[12] Yin, J, Cao, Y, LI, Y. H., et. al.,Satellite-based entanglement distribution over 1200 kilometers, Science, 356, 1140-1144 (2017).

[13] Ren, J. G, Xu, P, Yong, H. L., et. al., Ground-to-satellite quantum teleportation, Nature(2017)doi:10.1038/nature23675.

[14] Knill E, Laflamme R, Zurek W H. Resilient quantum computation[J]. Science, 1998, 279(5349): 342-345.

[15] Bravyi S B, Kitaev A Y. Quantum codes on a lattice with boundary[J]. arXiv preprint quant-ph/9811052, 1998.

[16] Bravyi S. Universal quantum computation with the ν= 5/2 fractional quantum Hall state[J]. Physical Review A, 2006, 73(4): 042313.

[17] Schindler P, Barreiro J T, Monz T, et al. Experimental repetitive quantum error correction[J]. Science, 2011, 332(6033): 1059-1061.

[18] Reed M D, DiCarlo L, Nigg S E, et al. Realization of three-qubit quantum error correction with superconducting circuits[J]. Nature, 2012, 482(7385): 382-385.

[19] Ballance C J, Harty T P, Linke N M, et al. High-fidelity quantum logic gates using trapped-ion hyperfine qubits[J]. Physical Review Letters, 2016, 117(6): 060504.

[20] Linke N M, Gutierrez M, Landsman K A, et al. Experimental demonstration of quantum fault tolerance[J]. arXiv preprint arXiv:1611.06946, 2016.

[21] Choi, Charles (May 16, 2013). "Google and NASA Launch Quantum Computing AI Lab". MIT Technology Review; "D-Wave Systems Announces the General Availability of the 1000+ Qubit D-Wave 2X Quantum Computer | D-Wave Systems". www.dwavesys.com. Retrieved 2015-10-14.

[22] Nadj-Perge S, Drozdov I K, Li J, et al. Observation of Majorana fermions in ferromagnetic atomic chains on a superconductor[J]. Science, 2014, 346(6209): 602-607.

[23] Xu J S, Sun K, Han Y J, et al. Simulating the exchange of Majorana zero modes with a photonic system[J]. Nature Communications, 2016, 7.

[24] Aaronson, S, Arkhipov, A, Proceedings of the ACM Symposium on Theory of Computing (ACM, NY, 2011).

[25] Wang H, He Y, Li Y H, et al. High-efficiency multiphoton boson sampling[J]. Nature Photonics, 2017, 11(6): 361-365.

[26] Zheng Y, Song C, Chen M C, et al. Solving Systems of Linear Equations with a Superconducting Quantum Processor[J]. Physical Review Letters, 2017, 118(21): 210504.

[27] Preskill J. Quantum computing and the entanglement frontier[J]. arXiv preprint arXiv:1203.5813, 2012.

[28] Wu Z, Zhang L, Sun W, et al. Realization of two-dimensional spin-orbit coupling for Bose-Einstein condensates[J]. Science, 2016, 354(6308): 83-88.

[29] Schreiber M, Hodgman S S, Bordia P, et al. Observation of many-body localization of interacting fermions in a quasirandom optical lattice[J]. Science, 2015, 349(6250): 842-845.

[30] Chang L, Jiang X, Hua S, et al. Parity-time symmetry and variable optical isolation in active-passive-coupled microresonators[J]. Nature photonics, 2014, 8(7): 524-529.

[31] Tang J S, Wang Y T, Yu S, et al. Experimental investigation of the no-signalling principle in parity–time symmetric theory using an open quantum system[J]. Nature Photonics, 2016, 10(10): 642-646.

[32] Leibrandt D, Brewer S, Chen J S, et al. The NIST 27 Al+ quantum-logic clock[C]//APS Division of Atomic, Molecular and Optical Physics Meeting Abstracts. 2016.

[33] Wang P, Yuan Z, Huang P, et al. High-resolution vector microwave magnetometry based on solid-state spins in diamond[J]. Nature communications, 2015, 6.

推荐读物

[1] 郭光灿，等 . 量子信息讲座系列（1-6）. 物理 [J]，1998(1) 开始连载；量子信息讲座续讲 . 物理，2000 年 09 期开始连载 .

[2] Amir D. Aczel. *Entanglement: The Greatest Mystery in Physics* [M]. New York: Basic Books, 2002.

[3] John. S. Bell. *Speakable and Unspeakable in Quantum Mechanics* [M], 2nd eds. Cambridge: Cambridge University Press, 2004.

[4] Brian Clegg. *The God Effect: Quantum Entanglement, Sciences' Strangest Phenomenon* [M]. New York: St. Martin's Press, 2006.

[5] Louisa Gilder, *The Age of Entanglement: When Quantum Physics Was Reborn* [M]. New York: Knopf, 2008.

[6] Mary Bell and Shan Gao (高山)(eds.), Quantum Nonlocality and Reality: 50 Years of Bell's Theorem. Cambridge: Cambridge University Press, 2016.

[7] Shan Gao (高山), The Meaning of the Wave Function: In Search of the Ontology of Quantum Mechanics. Cambridge: Cambridge University Press, 2017.

[8] Paul C. W. Davis. 原子中的幽灵 [M]. 易心洁，译 . 长沙：湖南科学技术出版社，1992.

[9] Albert Einstein. 爱因斯坦文集 [M]，第一卷 . 许良英，等，译 . 北京：商务印书馆，1994.

[10] 高山 . 量子 [M]. 北京：清华大学出版社，2003.

[11] 吉桑（Micolas Gisin），跨越时空的骰子：量子通信、量子密码背后的原理 [M]，周荣庭，译 . 上海：上海科学技术出版社 . 2016.

[12] 曹则贤，量子力学（少年版）[M]. 合肥：中国科学技术大学出版社，2017.

[13] 马瑟 (George Musser)，幽灵般的超距作用：重新思考空间和时间 [M]. 梁焰，译 . 北京：人民邮电出版社，2017.